Trimurti L. Lambat

O livro-texto de inibição enzimática e química medicinal

Trimurti L. Lambat

O livro-texto de inibição enzimática e química medicinal

Actividades medicinais de motivos orgânicos sintetizados com especial referência ao VIH e à atividade hepatoprotectora

ScienciaScripts

Cover image: www.ingimage.com

This book is a translation from the original published under ISBN 978-620-2-19882-0.

Publisher:
Sciencia Scripts
is a trademark of
Dodo Books Indian Ocean Ltd. and OmniScriptum S.R.L publishing group

120 High Road, East Finchley, London, N2 9ED, United Kingdom
Str. Armeneasca 28/1, office 1, Chisinau MD-2012, Republic of Moldova, Europe
Printed at: see last page
ISBN: 978-620-8-05606-3

ÍNDICE

Prefácio

Os compostos medicinais sintéticos utilizados na atividade biológica são, na maioria das vezes, compostos orgânicos, que se dividem nas grandes classes das pequenas moléculas orgânicas e dos intermediários, sendo estes últimos utilizados para preparações medicinais de proteínas. Os compostos organometálicos e inorgânicos também são úteis como medicamentos em muitas doenças. Nos últimos anos, a descoberta de inibidores enzimáticos específicos tem merecido grande atenção devido ao seu potencial de utilização em aplicações farmacológicas.

A conceção de medicamentos é o processo inovador de encontrar novos medicamentos com base no conhecimento de um alvo biológico. Um medicamento é geralmente uma pequena molécula orgânica que ativa ou inibe a função de uma biomolécula, como uma proteína, o que, por sua vez, resulta num benefício terapêutico para o organismo.

A conceção de fármacos envolve a síntese de pequenas moléculas que são complementares em forma e carga ao alvo biomolecular com o qual interagem e que, por conseguinte, se ligam a ele. Embora tenha sido realizada uma extensa investigação em química medicinal ou conceção de fármacos durante muitos anos, ainda existe uma grande necessidade de compreender as interações dos candidatos a fármacos com biomoléculas. Este livro intitulado "The textbook of Enzyme inhibition and Medicinal Chemistry" contém uma seleção de capítulos centrados na área de investigação dos inibidores enzimáticos, aspectos moleculares do metabolismo dos fármacos, síntese orgânica, síntese de pró-fármacos, estudos in vivo e compostos químicos utilizados em abordagens relevantes.

O livro fornece uma visão geral sobre questões básicas e alguns dos desenvolvimentos recentes na ciência e tecnologia medicinais. É dada especial ênfase aos aspectos teóricos e experimentais da conceção moderna de medicamentos. O público-alvo principal do livro inclui estudantes, investigadores, biólogos, químicos, engenheiros químicos e profissionais interessados em áreas associadas. O livro foi escrito por um professor assistente com experiência em química orgânica sintética, enzimologia, biologia molecular, genética e química medicinal. Gostaria de agradecer aos autores pela sua contribuição para este livro. Esperamos que o livro reforce o conhecimento dos cientistas sobre as complexidades de algumas abordagens medicinais; estimulará tanto os profissionais como os estudantes a dedicar parte da sua investigação futura à compreensão dos mecanismos e aplicações relevantes.

Dr. Trimurti L. Lambat,

Professor Assistente de Química, Universidade Rashtrasant Tukadoji Maharaj Nagpur afiliada Manoharbhai Patel College of Arts, Comm. E Ciências, Deori, Dist- Gondia.

CAPÍTULO - 1: Atividade de inibição da transcriptase reversa do VIH (antirretroviral) de derivados de benzofluorenona sintetizados a partir do ácido β-arilideno-β-benzoil propiónico.

1.1 : Introdução

A SIDA, vulgarmente conhecida como Síndrome da Imunodeficiência Adquirida (SIDA), foi instigada pelo vírus da imunodeficiência humana (VIH) [1,2]. O vírus da imunodeficiência humana é um retrovírus que pertence à família Lentiviridae. Lent significa "lento" em latim, o que é apropriado para este vírus, uma vez que pode permanecer adormecido numa célula hospedeira até dez anos. Replica-se convertendo o seu próprio ARN viral [3] em ADN do hospedeiro [4] através da utilização de composições lipídicas-proteicas variantes. O vírus é capaz de se tornar invisível para o sistema imunitário do hospedeiro e, eventualmente, causar imunodeficiência. O vírus foi identificado clinicamente pela primeira vez na América, em 1981. Entre a sua descoberta inicial, foi classificado pela primeira vez como HTLV III, Vírus Linfocitário de Células T Humanas [5], com base em experiências realizadas entre 1983 e 1984, Robert Gallo do Instituto Nacional de Saúde, Luc Montagnier do Instituto Pasteur em Paris, Jay Levy da Universidade da Califórnia em São Francisco e um pequeno grupo de investigadores dos Centros de Controlo de Doenças concluíram que o VIH era a causa da SIDA [6].

1.2 : Revisão da literatura sobre o vírus VIH

Essencialmente, existem duas partes principais: o núcleo interno (a secção em forma de "pílula" no diagrama) e a membrana viral.

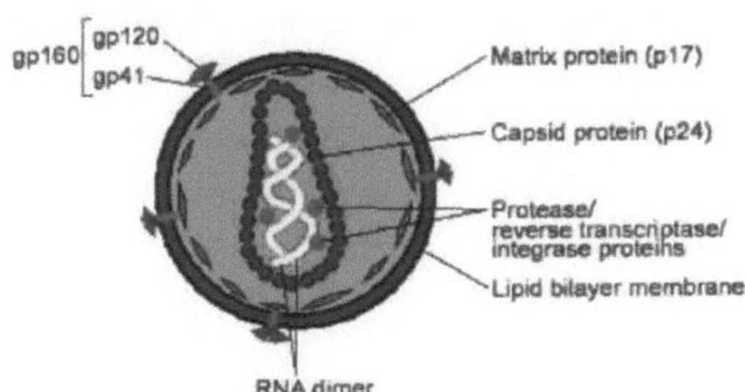

Figura 1.1 : Estrutura do vírus VIH

A membrana viral envolve a partícula e tem cerca de nove ou dez espículas GP 160 incorporadas, que estão envolvidas na ligação e fusão da membrana quando a partícula viral [7] se liga a uma célula **(Figura 1.1)**.

1.2.1 : Mecanismo e atividade do vírus

Os estudos do genoma viral permitiram compreender o mecanismo de ataque viral e o ciclo de vida do vírus [8]. Juntamente com a entrada do vírus no organismo, existe simultaneamente um esforço de colaboração por parte das células imunitárias [9]. As células B libertam anticorpos especiais, que se ligam ao envelope viral e impedem a continuação da infeção. As células T reconhecem e eliminam as células infectadas. As células T CD8+ destroem e incapacitam as células infetadas pelo vírus, enquanto as células T CD4, também conhecidas como "células T auxiliares", alertam o organismo para o ataque viral, recrutando células B e células CD8+ para o local da infeção. Actuando como diretores e assistentes, as células CD4+ têm um papel mais significativo no ataque imunitário e, por conseguinte, são o principal alvo do VIH [10]. Quando o vírus entra em contacto com uma célula imunitária, liga-se às células hospedeiras através de viriões. Os viriões [11] são segmentos de ARN de cadeia dupla constituídos por nove genes que residem no envelope viral. O ARN viral é convertido em ADN do hospedeiro através da transcriptase reversa [12] e esta integração torna o vírus discreto e visível para o sistema imunitário. O vírus dá então instruções às células T para reproduzirem mais vírus, e os viriões formam gomos na membrana celular, que acabam por ser libertados no organismo. A libertação resulta na morte celular e na infeção de outras células. Embora envolva muitas etapas, o processo de infeção é rápido; são produzidos e libertados cerca de mil milhões de vírus por dia. A depleção de células T devido a esta morte é o principal fator que contribui para a supressão imunitária na SIDA, devido ao mecanismo de transcrição reversa. O VIH [13] continua a ser o vírus com maior diversidade genética. Ao contrário da transcrição do ADN, a transcrição reversa não é revista nem monitorizada, o que torna possível uma elevada probabilidade de mutações. As mutações recorrentes e a capacidade do VIH de evoluir independentemente dão origem a estirpes e tipos de VIH em constante expansão. O VIH-1 tem onze subtipos, intitulados "A" a "H" e grupo "O", enquanto o VIH-2 tem seis subtipos. O VIH-1 'A-D' constitui 95% das novas infecções e o VIH-1C é o tipo mais comum [14]. Embora seja transmitido da mesma forma, o VIH-1 é mais prevalente porque sofre mutações rapidamente e está na origem de inúmeras estirpes. O VIH-2 é transmitido menos facilmente devido ao longo período de tempo que decorre entre a infeção e a doença [15, 16, 17].

1.2.2 : Transmissão do VIH

O vírus da imunodeficiência humana é transmitido de um indivíduo para outro através da troca de fluidos corporais, como o sangue [18], o sémen, o líquido pré-seminal, o líquido vaginal [19, 20], o leite materno, o líquido cefalorraquidiano [21], o líquido sinovial e o líquido amniótico (mas não a saliva, as lágrimas ou a urina) [22-25]. Estas trocas de fluidos podem ocorrer através de relações sexuais [26, 27], parto [28], amamentação [29,30], injeção de drogas e transfusão de sangue. As relações sexuais heterossexuais são responsáveis por 80% das infecções e as probabilidades de aquisição da doença aumentam quando um dos parceiros está infetado com uma doença sexualmente transmissível devido às feridas abertas sintomáticas e ao tecido inflamado. Nos países em desenvolvimento, 40% dos bebés nascidos de mães seropositivas são infectados à nascença. Em geral, existe uma probabilidade de 15-25% de transmissão mãe-filho, mas este risco aumenta 20-45% quando se pratica o aleitamento materno. O consumo de drogas injectáveis é mais frequente em zonas de conflito socioeconómico e, por conseguinte, coincide com a falta de cuidados de saúde, a violação dos direitos humanos e a pobreza. O consumo de drogas ilícitas também dificulta o rastreio das infecções e tem pouca participação no tratamento ou na investigação [31].

1.2.3 : Fases da infeção

Uma vez transmitido a um indivíduo, o sistema imunitário gera uma resposta imediata à diminuição das células CD4+. Esta reação imunitária inicial consegue normalmente fazer com que as quantidades de CD4+ voltem ao normal durante um curto período de tempo, criando um equilíbrio temporário entre a replicação do VIH e a diminuição do sangue viral. Entre uma semana e vários meses após a infeção primária, desenvolve-se uma infeção aguda pelo VIH, uma vez que são produzidos anticorpos contra o VIH.

Entre alguns meses e dez anos mais tarde, o vírus evolui para uma infeção crónica assintomática pelo VIH, o que leva a uma diminuição da massa corporal e a uma maior suscetibilidade de contrair outros agentes patogénicos. A fase seguinte da infeção é sintomática, caracterizada por suor constante, febre e fadiga. A presença de uma doença potencialmente fatal ligada à diminuição da imunidade segue-se rapidamente a um diagnóstico de VIH avançado, mais conhecido como SIDA [32].

O sistema nervoso central e o trato gastrointestinal são os principais reservatórios da infeção, à medida que o vírus avança no seu ciclo de vida e por todo o organismo. Os medicamentos anti-retrovirais atacam diretamente o VIH. Isto permite que o sistema imunitário continue a funcionar e a superar a maioria das infecções oportunistas. Existem mais de vinte e dois ARVs para os vírus. Como um único ARV não consegue suprimir o vírus de forma eficaz, a maioria dos médicos prescreve três ou mais ARVs de duas classes diferentes. Isto é conhecido como terapia combinada, ou TARV; quando são tomados vários medicamentos, pode ser conhecida como terapia antirretroviral altamente ativa (HAART).

Nenhuma combinação de ARV erradica totalmente o VIH do organismo. As pessoas que vivem com o vírus têm de tomar ARV para o resto das suas vidas [33].

1.2.4 : Objectivos das terapias utilizadas

- Diminuir os sintomas da infeção pelo VIH e atrasar a progressão para a SIDA.

- ❖ Para reduzir os efeitos secundários graves induzidos pela SIDA.
- ❖ Para prolongar a sobrevivência.
- ❖ Para manter a durabilidade da supressão viral.
- ❖ Para aumentar a contagem de linfócitos CD4.
- ❖ Diminuir a resistência viral e o insucesso dos medicamentos.
- ❖ Para reconstituir o sistema imunitário.
- ❖ Para evitar a transmissão da mãe para o feto.
- ❖ Para prevenir a infeção pelo VIH decorrente de exposições profissionais ou não profissionais de alto risco.

1.2.5 : Medicamentos anti-retrovirais: Agentes sintéticos

Atualmente, a terapia anti-VIH mais utilizada é a utilização concomitante de medicamentos que pertencem à classe dos inibidores nucleósidos/nucleótidos reversos (NNRTI), inibidores da protease ou de entrada (Pls) e inibidores da integrase do VIH [34-38]. (O **quadro 1.1** apresenta o nome genérico dos inibidores, bem como os seus efeitos secundários graves.

Nome genérico	**Abreviaturas**	**Efeitos adversos**
Enfuvirtida	T-20	Reacções de hipersensibilidade, reação no local da injeção
Mariviroc (inibidor do CCR5)	-	Isquemia ou enfarte do miocárdio
Vicrivirocb (inibidor do CCR5)	-	-

Quadro 1.1 : Nomes genéricos e efeitos secundários dos medicamentos utilizados no tratamento da infeção pelo VIH

Assim, verifica-se que todas as classes de medicamentos anti-retrovirais podem contribuir para efeitos adversos metabólicos mais ou menos graves. Embora tenham sido descobertos medicamentos anti-retrovirais que podem levar à supressão da carga sérica do vírus para níveis indetectáveis, o aparecimento de resistência e de reacções adversas limitou a utilidade destes medicamentos anti-retrovirais convencionais. A adesão dos doentes é também um dos desafios no combate à doença. Escusado será sublinhar que existe uma necessidade urgente de uma solução rápida e sustentável que deve ser funcional nos países em desenvolvimento [39]. Uma das fontes para este tipo de solução é a riqueza das plantas medicinais de que muitos países em desenvolvimento estão dotados [40]

- O ciclo do VIH começa com a ligação e fusão do vírus à membrana celular do linfócito T CD4, seguida da libertação do conteúdo do núcleo viral na célula alvo.
- O ARN viral é transcrito em ADN pela enzima viral transcriptase reversa (RTase).
- O ADN viral é então integrado no genoma da célula hospedeira.
- Formação de provírus com subsequente transcrição.
- Traduz para gerar polipéptidos virais.
- Segue-se a clivagem pós-tradução dos polipéptidos virais pela enzima protease e a subsequente montagem das partículas.
- Brotamento de novos viriões.

Os locais de ação dos medicamentos atualmente utilizados estão representados na **(Figura 1.1)**, incluindo o bloqueio da entrada de viriões, a paragem da transcrição, a inibição da enzima de clivagem das poliproteínas virais, a inibição da germinação, etc.

1.2.6 : Transcrição inversa

A transcrição é o processo de copiar um código de ADN para ARN. Normalmente, nas células, um gene (ADN) que codifica uma determinada proteína é copiado para "ARN mensageiro" (ARNm) e depois o ARNm é transportado para a secção da célula onde as proteínas são produzidas. (uma boa analogia é que o genoma do ADN é uma biblioteca. Para produzir uma proteína, é preciso ir à biblioteca, encontrar o livro certo [gene] e tirar uma fotocópia [molécula de ARNm] das instruções para as poder levar e utilizar).

A transcrição reversa é o processo oposto: copiar o ARN para o ADN. Quando a partícula de VIH se funde com uma célula, uma enzima que traz consigo, chamada transcriptase reversa, pode copiar o genoma de ARN do VIH para ADN, pronto a ser integrado no genoma de ADN da célula. Esta versão de ADN do genoma do VIH tem uma repetição terminal longa em cada extremidade, o que ajuda no processo de integração. Outra das proteínas do VIH, a RNase H, ajuda a degradar a parte do ARN das moléculas híbridas ARN-ADN que se formam como parte deste processo.

A transcriptase reversa, também chamada ADN polimerase dirigida por ARN, é uma enzima codificada a partir do material genético dos retrovírus que catalisa a transcrição do ARN (ácido ribonucleico) do retrovírus para o ADN (ácido desoxirribonucleico). Esta transcrição catalisada é o processo inverso da transcrição celular normal de ADN em ARN; daí o nome transcriptase reversa e retrovírus [41-44]. A transcriptase reversa é fundamental para a natureza infecciosa dos retrovírus, vários dos quais causam doenças nos seres humanos, incluindo o vírus da imunodeficiência humana (VIH), que causa a síndrome da imunodeficiência adquirida (SIDA).

A transcriptase reversa do VIH-1 transforma o material genético do VIH (ARN) na forma de ADN. A sua estrutura é um hetero-dímero constituído por p66 (560 resíduos) e p51 (440 resíduos): duas subunidades de hélices alfa e fitas beta que partilham um terminal amino comum. A subunidade p51 corresponde ao domínio da polimerase da subunidade p66. O terminal carboxi da p66 forma o domínio da RNase H [45-47].

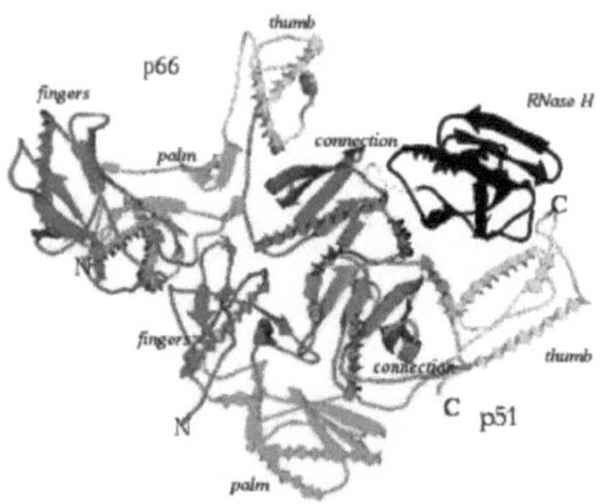

Figura 1.2 : Estrutura típica da transcriptase reversa do VIH

1.2.6.1 : Etapas da transcrição reversa [48]

A transcrição reversa pode ser dividida nas seguintes etapas

- Um primer de ARN-t liga-se ao sítio de ligação do primer no ARN do VIH.
- A transcriptase reversa (RT) começa neste local de ligação e copia o ARN para uma única cadeia de ADN complementar. Nesta altura, só copia do local de ligação do iniciador para o Long Terminal Repeat, pelo que tudo o que foi copiado até agora foi o LTR mais um pouco mais.
- A RNase H degrada a secção do ARN que foi copiada.
- Isto permite que o ARNt / ARNt / ADN ss se dissocie do ARN do VIH e depois se ligue à outra extremidade do trecho de ARN - a cópia fresca de ADN de um LTR associa-se ao outro LTR.
- A RT retoma a partir do ponto onde parou, copiando o genoma de ARN do VIH para ADN. A RNase H junta-se de novo, degradando o ARN intacto, um pequeno trecho chamado trato polipurina que se encontra a cerca de dois terços do genoma do VIH.

❖ A RT começa a criar a segunda cadeia de ADN, começa no trato da polipurina e faz uma segunda cadeia de ADN para complementar o código da primeira cadeia.

❖ A RNAse H remove agora todo o ARN remanescente, o trato de polipurina e o iniciador de ARN-t (que até agora ainda estava ligado a uma extremidade do ADN fresco).

❖ O ADN circulariza-se quando as duas extremidades do ADN são complementares e se colam facilmente para formar um laço no ADN.

❖ A RT termina o seu trabalho, completando a segunda cadeia do ADN e completando também a Repetição Terminal Longa em cada extremidade. Neste processo, o laço de ADN quebra-se novamente, deixando um fragmento de ADN de cadeia dupla com a Repetição Terminal Longa em cada extremidade.

1.2.6.2 : A infeção abortiva pelo VIH medeia a depleção de células T CD4

O VIH infecta células vitais do sistema imunitário humano, tais como as células T auxiliares (especialmente as células T $CD4^+$), os macrófagos e as células dendríticas [49-51]. A infeção pelo VIH conduz a níveis baixos de células T $CD4^+$ através de três mecanismos principais: nas células infectadas; e, em terceiro lugar, a morte das células T $CD4^+$ infectadas por linfócitos citotóxicos CD-8 que reconhecem as células infectadas.

A maioria das pessoas infectadas pelo VIH-1 que não são tratadas acabam por desenvolver SIDA [52]. Estes indivíduos morrem sobretudo de infecções oportunistas ou de doenças malignas associadas à falência progressiva do sistema imunitário [53]. O VIH evolui para SIDA a um ritmo viável, afetado por factores virais, do hospedeiro e ambientais; a maioria das pessoas evoluirá para SIDA no prazo de 10 anos após a infeção pelo VIH: algumas evoluirão muito mais cedo e outras demorarão muito mais tempo [54,55]. Mesmo depois de o VIH ter progredido, o diagnóstico pode demorar mais de 5 anos [56]. Sem terapia antirretroviral, uma pessoa com SIDA morre normalmente no prazo de um ano [57].

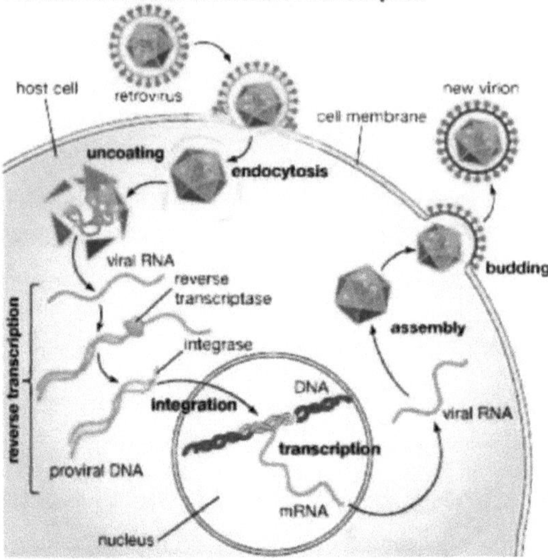

Figura 1.3 : Multiplicação rápida do retrovírus no corpo humano

1.2.6.3 : Infecções oportunistas na SIDA [58]

No nosso corpo, transportamos muitos germes - bactérias, protozoários, fungos e vírus. Quando o nosso sistema imunitário está a funcionar, ele controla estes germes. Mas quando o sistema imunitário está enfraquecido pela doença do VIH, estes germes podem ficar fora de controlo e causar problemas de saúde.

As infecções que tiram partido da fraqueza das defesas imunitárias são designadas por "oportunistas". A expressão "infeção oportunista" é frequentemente abreviada para "OI".

Os OIs mais comuns estão listados aqui, juntamente com a doença que normalmente causam e a contagem de células CD4 quando a doença se torna ativa:

- A candidíase (aftas) é uma infeção fúngica da boca, da garganta ou da vagina. Intervalo de células CD4: pode ocorrer mesmo com células CD4 bastante elevadas.

- O citomegalovírus (CMV) é uma infeção viral que causa doenças oculares que podem levar à cegueira. Gama de células CD4: inferior a 50.

- O vírus do herpes simples pode causar herpes oral (herpes labial) ou herpes genital. Estas infecções são bastante comuns, mas se tiver VIH, o surto pode ser muito mais frequente e mais grave. Podem ocorrer em qualquer contagem de células CD4.

- A malária é comum nos países em desenvolvimento. É mais comum e mais grave em pessoas infectadas com VIH.

- O complexo Mycobacterium avium (MAC ou MAI) é uma infeção bacteriana que pode causar febres recorrentes, mal-estar geral, problemas de digestão e perda de peso grave. Gama de células CD4: inferior a 75.

- A pneumonia por Pneumocystis (PCP) é uma infeção fúngica que pode causar uma pneumonia fatal. Gama de células CD4: inferior a 200. Infelizmente, este ainda é um "Ol" bastante comum em pessoas que não foram testadas ou tratadas para o VIH.

- A toxoplasmose (Toxo) é uma infeção do cérebro por protozoários. Gama de células T: menos de 100.

- A tuberculose (TB) é uma infeção bacteriana que ataca os pulmões e pode causar meningite. Faixa de células CD4: Todas as pessoas com VIH cujo teste seja positivo para a exposição à tuberculose devem ser tratadas.

O medicamento antirretroviral forte pode permitir que um sistema imunitário danificado recupere e faça um trabalho de combate. Mas verifica-se que todas as classes de medicamentos anti-retrovirais podem contribuir para efeitos adversos metabólicos mais ou menos graves [58-62]. Embora tenham sido descobertos medicamentos anti-retrovirais que podem levar à supressão da carga sérica da doença para níveis indetectáveis, o aparecimento de resistência e de reacções adversas limitou a utilidade destes medicamentos anti-retrovirais convencionais. Os efeitos adversos, o aparecimento de resistência aos medicamentos e o estreito espetro de atividade limitaram a utilidade terapêutica dos vários inibidores da transcriptase reversa e da protease atualmente disponíveis no mercado. Escusado será sublinhar a necessidade urgente de uma solução rápida e sustentável, que deve ser funcional nos países em desenvolvimento [71]. Uma das fontes para este tipo de solução é a grande riqueza de plantas medicinais de que muitos países em desenvolvimento estão dotados.

A análise da literatura revelou que existem muitos compostos anti-HIV promissores de origem natural, como flavonóides, cumarinas, terpenóides, alcalóides, polifenóis, polissacáridos ou proteínas e, sobretudo, lignanos [72]. Uma variedade de lignanos obtidos de origem natural mostrou uma atividade anti-HIV moderada a boa. Prevê-se que em breve estejam disponíveis curas anti-HIV e preparações profilácticas contendo lignanos. Muitos dos lignanos anti-HIV têm valores medicinais. Estes tipos de compostos podem também ter interesse, uma vez que podem tratar tanto o vírus como as várias perturbações que caracterizam o VIH/SIDA.

3A.2.8: Scaffolds orgânicos como inibidores da transcriptase reversa do VIH

Um medicamento que reduz a taxa de replicação de retrovírus como o VIH é amplamente utilizado no tratamento de pessoas infectadas pelo VIH e é designado por inibidor da transcriptase reversa do VIH.

Foi demonstrado que vários componentes orgânicos possuem actividades de inibição da transcriptase reversa [73-74]. Os benzofluorenos têm potencial para interferir com um alvo viral específico, o que pode resultar numa ação complementar à dos medicamentos anti-retrovirais existentes. O dibenzilbutadieno, o anolignano A (1), o anolignano A (1) e o anolignano B (2) isolados de Anogeissus acuminate, mostraram atividade inibidora da HIV-1 RTase. Os compostos (1) e (2) actuam com um efeito sinérgico. O composto (1) mostrou um IC_{50} de 60,4 g/ml comparado com 1073 g/ml mostrado por (2) para a HIV-1 RTase. Esta atividade foi grandemente aumentada quando uma mistura de (1) também se mostrou ativa contra uma forma de HIV-1 RTase resistente aos medicamentos, com um IC_{50} de 106g/ml [75].

Duas lignanolidas de ocorrência natural, isoladas do arbusto trepador tropical Ipomoea cairica, (-) Arctigenin (3) e (-) Trachelogenin. Verifica-se que inibem fortemente a replicação do vírus da imunodeficiência humana tipo 1 (VIH-1; estirpe HTLV-III B) *in vitro*. A uma concentração de 0,5 microM, a (-) Arctigenina e a (-) Traquelogenina inibiram a expressão das proteínas p17 e p24 do VIH-1 em 80-90% e 60-70%, respetivamente. A atividade da transcriptase reversa nos fluidos de cultura foi reduzida em 80-90% quando as células (HTLV-III B/H9) foram cultivadas na presença de 0,5 microM () Arctigenina ou 1microM (-) Trachelogenina [76].

A (+) 5'-demetoxiexcelsina (4) obtida a partir do extrato MeOH das folhas e dos ramos de Listsea verticillata (família Lauraceae) apresentou uma boa atividade inibidora da RTase do VIH, enquanto a (+) epiexcelsina não apresentou qualquer atividade anti-VIH [77].

A filamiricina B (5) e a sua lactona Retrojusticidina B (6) isoladas de um extrato clorofórmico de Phyllanthus myrtifolius IP. Urinaria (família Euphorbiaceae), demonstraram uma forte inibição da VIH-RTase. As concentrações inibitórias de cinquenta por cento da filamicina B e da retrojusticidina B foram determinadas como sendo de 3,5 e 5,5 microM [7880].

Entre os lignanos isolados do interior de Kadusra, a (-) gomisina (7) foi considerada o inibidor mais potente (EC_{50} 0,006μg/ml; TI 600) da replicação do HIV [81].

O Kadsulignan M (8) isolado da Kadsura coccinea mostrou uma atividade antirretroviral in vitro. Recentemente, o Globoidnan A (9), uma lenhina isolada do extrato metanólico do botão de Eucalyptus glob idea por fracionamento guiado por bioensaio, inibiu a atividade combinada de processamento 3' e de transferência de cadeias da integrase do VIH [82].

O extrato etanólico da casca do fruto de Terminalia bellerca (família combretaceae), uma das plantas mais utilizadas no sistema de medicina tradicional indiano, também produziu lignanas e outros lignanos, possuindo uma atividade antirretroviral demonstrável in vitro [83].

Um relatório recente descreveu o isolamento da interiotherina A (10) do caule de Kadsura interior [84], uma videira da família Schisandraceae nativa do sul da China. Este grupo relatou posteriormente o isolamento das lignanas mais altamente modificadas interiotherins C e D. interiotherins A (10), schisantherin D inibem a replicação do HIV-1Rtase com valores de EC_{50} de 3.1 e 0.5µg/ml, respetivamente [85]

Dez lignanos e uma série de azalignanos, incluindo 1-anil-pironaftalenos e 3-N-alquilaminometil-1-arilnaftalenos, estruturalmente relacionados com dois inibidores da transcriptase reversa do VIH, a retrojusticidina B e a filamiricina A, foram preparados a partir da filantina para avaliação das actividades anti-VIH. Foi medida a atividade anti-VIH destes compostos num pseudo-vírus de tipo R5, Con B/pNL43E-L+, nas células U87-CD4-CCR5. Alguns dos compostos (11), (12), (13) e (14) mostraram uma boa atividade inibidora da transcriptase reversa do VIH com valores IC_{50} de 0,25, 1,07, 0,01, 0,32 microg/mL, respetivamente [86-87].

A gomisina J halogenada (15) (um derivado do composto de lenhina), representada pelo derivado bromado 1506 [(6R, 7S, S-biar)-4,9-dibromo-3,10-di-hidroxi-1,2, 11, 12-tetrametoxi-6, 7-dimetil-5, 6, 7, 8-tetrahidrodibenzo[a,c]ciclo-octeno], revelou-se um potente inibidor dos efeitos citopáticos do vírus da imunodeficiência humana tipo 1 (VIH-1) nas células T humanas MT-4 (dose eficaz de 50%, 0.1 a 0,5 microM) [88]. Os derivados da gomisina J. foram activos na prevenção da produção de p24 a partir de células H9 infectadas com VIH-1. Os índices selectivos (dose tóxica/dose eficaz) destes compostos foram tão elevados como > 300 em alguns sistemas. O 1506 foi ativo contra a transcriptase reversa (RT) resistente à 3'-azido-3'-deoxitimidina in vitro, mas não contra a protease do VIH-1. A partir da experiência de tempo de adição, verificou-se que o 1506 inibe a fase inicial do ciclo de vida do VIH. Foi selecionado um mutante do VIH resistente ao 1506 e demonstrou-se que possuía uma mutação na região codificadora da RT (na posição 188 [Tyr para Leu]). O mutante RT expresso em Escherichia coli foi resistente ao 1506 no ensaio RT in vitro. Algumas das estirpes do VIH resistentes a outros inibidores não nucleósidos da RT do VIH-1 também foram resistentes ao 1506. A comparação de vários derivados da Gomisina J com a Gomisina J. et al. [89] mostrou que o iodo, o bromo e o cloro na quarta e nona posições aumentaram a atividade inibidora da RT, bem como a atividade citoprotectora. Gomisin-G (16) exibiu a atividade anti-HIV mais potente com valores de EC_{50} e índice terapêutico (TI) de 0,006 µg/ml e 300, respetivamente [90].

Schisantherin-D, Kadsuranin e Sachisandrin-C mostraram boa atividade com valores de EC_{50} de 0,5, 0,8 e 1,2µg/ml e valores de TI de 110, 56 e 33,3, respetivamente.

Dez compostos bifenílicos sintéticos relacionados, cinco isómeros bisetilenodioxi, dimetoxi e dietoxicarbonilo com diferentes substituintes e cinco derivados bromados também foram avaliados quanto à atividade inibidora contra a replicação do VIH-1 em células H9 infectadas de forma aguda. Os dados anti-HIV indicaram que a posição relativa e os tipos de substituintes nos grupos hidroxilo fenólicos dos lignanos naturais ou dos compostos bifenílicos sintéticos, mais do que o número de bromo(s) nos anéis aromáticos, são de importância primordial. No anel ciclooctano dos lignanos naturais, a posição e a substituição dos grupos hidroxilo são também importantes para aumentar a atividade inibidora da transcriptase reversa do VIH.

3A.3: Trabalho atual: Atividade Antirretroviral de Novas Benzofluorenonas Sintetizadas

3A.4: Secção experimental

3A.4.1: Materiais e métodos

Todos os produtos químicos e reagentes foram adquiridos à Aldrich (*Sigma-Aldrich, St. Louis, MO, EUA*), Lancaster (*AlfaAesar, Johnson Matthey Company, Ward Hill, MA, EUA*) ou Spectrochem Pvt. Ltd (*Mumbai, Índia*) e foram utilizados sem qualquer purificação adicional. As reacções foram monitorizadas por TLC, realizada em placas de vidro de gel de sílica contendo 60GF-254, e a visualização em TLC foi obtida por luz UV ou indicador de iodo. A cromatografia em coluna foi efectuada com sílica gel Merck 60-120 mesh. As estruturas dos compostos sintetizados foram confirmadas com base nos seus dados químicos e espectrais.

1.4.2: Farmacologia in vitro

1. 4.2.1: Método de determinação

O ensaio da transcriptase reversa (RTase assay kit da Roche chemicals, Alemanha) é um método colorimétrico para a determinação quantitativa da atividade da RTase em amostras biológicas. O ensaio demonstrou ser habitual para a determinação da atividade da RTase derivada de uma variedade de retrovírus, incluindo o HIV-1, HIV-2, AMV e M-MuLV. O ensaio é também utilizado como ferramenta de investigação para o rastreio in vitro de inibidores da RTase.

1.4.2.2 : Princípio de determinação da atividade de inibição da RTase

O ensaio da transcriptase reversa, colorimétrico, tira partido da capacidade da transcriptase reversa para sintetizar ADN, a partir do modelo/primer híbrido poli (A) × oligo (dT). Evita a utilização de nucleótidos marcados com [^{3} H] ou (^{32} P) utilizados para a preparação do ensaio RT clássico. Em vez de nucleótidos marcados com rádio, os nucleótidos marcados com digoxigenina e biotina, numa proporção optimizada, são incorporados numa única molécula de ADN, que é recentemente sintetizada pela RT.

A deteção e quantificação do ADN sintetizado como parâmetro da atividade de RT segue um protocolo ELISA em sanduíche: O ADN marcado com biotina liga-se à superfície dos módulos da microplaca (MT) que foram previamente revestidos com estreptavidina. Na etapa seguinte, um anticorpo contra a digoxigenina, conjugado com peroxidase (anti-DIG-POD), liga-se à

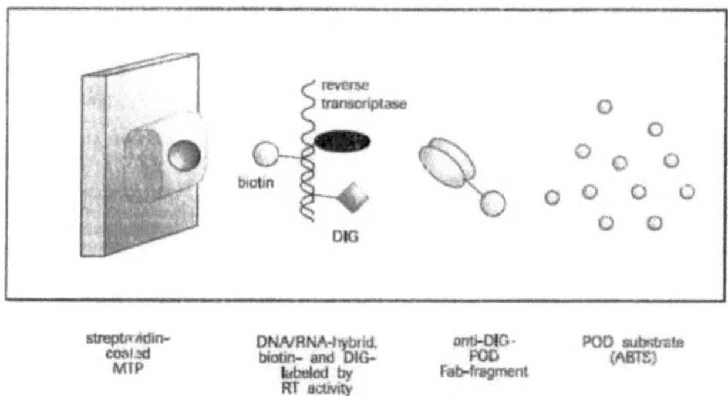

ADN marcado com digoxigenina. Na fase final, é adicionado o substrato de peroxidase ABTS.

A enzima peroxidase catalisa a clivagem do substrato, produzindo um produto de reação colorido. A absorvância das amostras pode ser determinada utilizando um leitor de microplacas (ELISA) e está diretamente correlacionada com o nível de atividade de RT [72].

Figura 1.4: Determinação da atividade de inibição da RTase

1.4.2.3 : Procedimento para a determinação da atividade de inibição da RTase

- 1 ng de VIH-I-RT recombinante foi diluído em tampão de lise (20 µl/poço) numa

tubo de reação. O tampão de lise sem adição de HIV-1-RT foi utilizado como controlo negativo. Foram adicionados 20µl de compostos de ensaio (10 - 50µg/mL) diluídos em tampão de lise. Foram adicionados 20µl de mistura de reação (46 mM Tris-HCl, 266 mM cloreto de potássio, 27,5mM cloreto de magnésio, 9,2 mM DDT, 10 µM dUTP/dTTP, híbrido molde/primário) por tubo de reação antes desta incubação durante 1 h a 37^0 C.

- Foram transferidos 60 µl destas amostras para os poços dos módulos MP, cobertos com uma folha de cobertura e incubados durante 1 h a 37^0 C.

- A solução foi completamente removida e enxaguada 5 vezes com 250 µl de tampão de lavagem por poço durante 30 segundos cada e o tampão de lavagem foi cuidadosamente removido.

- Foram adicionados 200 µl de diluição de trabalho anti-DIG-POD (200 mU/ml) por poço, cobertos com película de cobertura e incubados novamente durante 1 hora a 37^0 C.

- A solução foi removida e enxaguada 5 vezes com 250 µl de tampão de lavagem e o tampão de lavagem foi removido.

- Foram adicionados 200 µl de solução de substrato ABTS por poço e incubados a uma temperatura entre +15 e +25^0 C até que a cor verde se desenvolva. A absorvância das amostras foi medida a 405 nm com comprimento de onda de referência (490 nm) utilizando um leitor de microplacas (ELISA).

1.5: Resultados e discussão

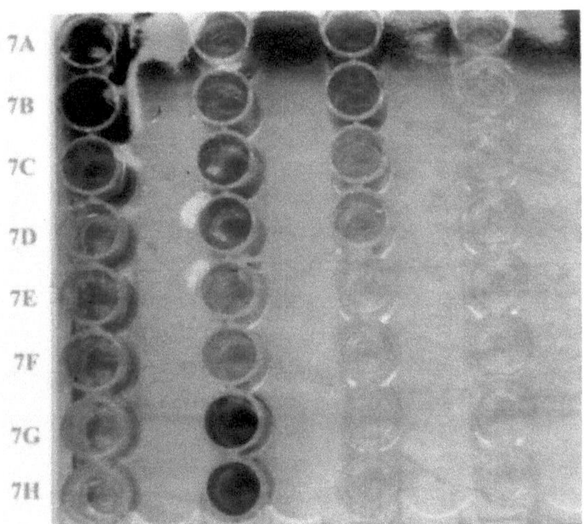

Figura 1.5: Reação colorida do inibidor da RTase em microplacas revestidas com estreptavidina

Tabela 1.2 : Valores IC_{50} para compostos sintéticos

Sample Code	Sample Name	IC$_{50}$ (µg/mL)
7A	*4-oxo-1,4,4a,9a-tetrahydro 2,3-(3'4'-dimehoxybenzo)fluoren – 9-one*	49.44
7B	*4-oxo-1,4,4a,9a-tetrahydro 2,3-(2'-hydroxy benzo)fluoren-9-one*	41.32
7C	***4-oxo-1,4,4a,9a-tetrahydro 2,3-(4'- methoxy benzo)fluoren-9-one***	**21.86**
7D	*4-oxo-1,4,4a,9a-tetrahydro2,3-(3'-methoxy,4'-hydroxybenzo)fluoren-9-one*	34.17
7E	*4-oxo-1,4,4a,9a-tetrahydro 2,3-(3',4',5'-trimethoxybenzo)fluoren-9-one*	45.03
7F	***4-oxo-1,4,4a,9a-tetrahydro 2,3-(3'4'-methylenedioxybenzo)fluoren-9-one***	**27.40**
7G	*4-oxo-1,4,4a,9a-tetrahydro 2,3- benzofluoren-9-one*	35.07

Como se mostra na **(Figura)** e na **(Tabela 1.2)**, todos os compostos sintéticos (novas benzofluorenonas) inibiram a atividade da transcriptase reversa. As concentrações necessárias para as amostras **7A, 7B, 7C, 7D, 7E, 7F** e **7G** para inibição de 50% da transcriptase reversa foram de 49,44 μg /ml, 21,86 μg /ml, 34,17 μg /ml, 45,03 μg/ml, 27,40 μg/ml e 35,07 μg/ml, respetivamente. Considerando que o composto **7C** foi considerado o mais potente com o IC_{50} mais baixo (21,86 Lig / ml) seguido pelo composto **7F** com IC_{50} (27,40μg/ml).

1.5: : Conclusão

Os compostos sintéticos (novas benzofluorenonas) "7A, 7B, 7D, 7E e 7G" exibiram uma excelente atividade anti-HIV. Dentro dos limites do nosso estudo descrito neste capítulo, os compostos **"7C"** e **"7F"** são considerados os mais potentes e recomendados para uma atividade anti-HIV favorável.

1.6: Referências

[1] Black, R. E.; Cousens, S. H.; Johnson, L.; Bassani, D. G.; Jha, P.; Campbell, H.; Walke, C. F.; Cibulskis, R.; Eisele, L.; Mathrs, L. C. *The Lancet*, **2010**, 375 (9730), 1969.

[2] Singh, I. P.; Bharate, S. B.; Bhutani, K. K. *Curr. Sci.* **2005**, 89(20), 269.

[3] Haworth, R. D. *J. Chem. Soc.* **1942**, 7, 448.

[4] Saleem, M.; Kim, H. J.; Ali, M. S.; Lee, Y. S. *Nat. Prod. Rep.* **2005**, 22, 696.

[5] Gottlieb, O. R. *Phytochemistry*, **1972**, 11, 1537.

[6] Gottlieb, O. R. *Rev. Latinoamer Quin.* **1974**, 5, 1.

[7] Gottlieb, R. O. *Naturst*, **1978**, 35, 1.

[8] Whiting, D. A. *Nat. Prod. Rep.* **1985**, 2, 191.

[9] Ward, R. S. *Nat. Prod. Rep.* **1999**, 16, 75.

[10] Ward, R. S. *Nat. Prod. Rep.* **1997**, 14, 43.

[11] Cassidy Drewry, J.; Fanning, J. P. *Toxicol. Clin. Toxicol.* **1982**, 19, 35.

[12] Canel, C.; Moraes, R. M.; Dayan, F. E.; Ferreira, D. *Phytochemistry*, **2000**, 54(2), 115.

[13] Axelson, M.; Sjovall, J.; Gustafsson, B. E.; Setchell, K. D. R. *Nature*, **1982**, 290, 659.

[14] Markkanen, T.; Makinen, M. L.; Maunuksela, E.; Hilmanen, P. *Drugs Exptl. Clin. Res.* **1981**, 7, 711.

[15] Haworth, R. D. *Ann. Rep. prog. Chem.* **1936**, 33, 266.

[16] Miotti, P. G.; Taha, T. E.; Kumwenda, N. I.; Broadhead, R.; Mtimavalye, L. A.; Van der

Hoeven, L.; Chiphangwi, J. D.; Liomba, R. J. *JAMA*, **1999**, 282(8), 744.

[17] Alexander Sassi, *Universidade Salve Regina*, **2011**, 4, 22.

[18] Pantaleo, G.; Graziosi, C.; Fauci, A. S. *N. Engl. J. Med.* **1993**, 328(5), 327.

[19] Smith, D. J.; Mbakem, B. C. *Soc. Sci. Med.* **2010**, 71(2), 345.

[20] Pawar, V. S.; Lokwani, D. K.; Bhandari, S. V.; Bothara, K. G.; Chitre, T. S.; Devale, T. L.; Mohave, N. S.; Parikh, J. K. *Med. Chem. Res.* **2010**, 20(3), 370380.

[21] Phillips, A. N.; Graber, S.; Tassie, J. M.; Costagliola, D.; Lundgern, J. D.; Egger, M. *AIDS.* **1999**, 13(15), 2075.

[22] Kadam, N. M.; Choudhari, H. S.; Parikh, J. K.; Modi, V. S.; Kokil, S. U.; Balaramnavar, V. V. M. *Intl. J. Virol.* **2010**, 6(4), 219.

[23] De Clercq, E.; Opin, E. *Emerg. Drugs*, **2005**, 10(2), 241.

[24] Tandona, V. K.; Chhorb, R. B. *Curr. Med. Chem.* **2005**, 10(20, 241.

[25] Asres, K.; Seyoum, A.; Veeresham, C.; Bucar, F.; Gibbons, S. *Phytother. Res.* **2005**, 19, 557.

[26] Sharma, P. C.; Sharma, O. P.; Vasudeva, N.; Mishra, D. N.; Singh, S. K. *J. Nat. Prod.* **2006**, 5, 70.

[27] Yadav, I. K.; Jaiswal, D.; Singh, H. P.; Mishra, A.; Jain, D. A. *The Pharma Res.* **2009**, 1, 93.

[28] Pàska, C.; Innocenti, G.; Kunvàri, M.; LàszlÓ, M.; Szilàgyi, L. *Phtother. Res.* **1998**, 12 1, 30-32.

[29] Schroder, H. C.; Merz, H.; Steffen, R.; Müller, W. E.; Sarin, P. S.; Trumm, S.; Schulz, J.; Eich, E. Z. *Naturforsch. (C)*, **1990**, 45(11-12), 30-32.

[30] Li, X. N.; Pu, J. X.; Du, X.; Yang, L. M.; An, H. M.; Lei, C.; He, F.; Luo, X.; Zheng, Y. T.; Lu, Y.; Xiao, W. L.; Sun, H. D. *J. Nat Prod.* **2009**, 72(6), 1133.

[31] Ovenden, S. B. P. *Phytochemistry*, **2004**, 65, 3255.

[32] Liu, J. S.; Li, L. *Phytochemistry*, **1995**, 38, 241.

[33] Zhu, X. K.; Guan, J.; Xiao, Z.; Cosentino, L. M.; Lee, K. H. *Bioorg. Med. Chem.* **2004**, 12915, 4267.

[34] Sakakibara, N.; Suzuki, S.; Umezawa, T.; Shimada, M. *Org. Biomol. Chem.* **2003**, 1, 2474.

[35] Hatfield, R.; Vermerris, W. *Plant Physio.* **2001**, 126(4), 1351.

[36] Gao, X. M.; Pu, J. X.; Huang, S. X.; Yang, L. M.; Huang, H.; Xiao, W. L.; Zheng, Y. T.; Sun,

H. D. *J. Nat. Prod.* **2008**, 71(4), 558.

[37] Ma, X.; Huang, H.; Zhou, P.; Chen, D. *Chem. And Biodiver.* **2007**, 4(5), 966.

[38] Yuan, G.; Liu, Y.; Li, T.; Wang, Y.; Sheng, Y.; Guan, M. *Molecules*, **2011**, 16(5), 3713.

[39] Mimaki, Y.; Kuroda, M.; Asano, T.; Sashida, Y. *J. Nat. Prod.* **1999**, 62(9), 1279.

[40] Liu, J. S.; Huang, M. F.; Zhou, H. X. *Canad. J. Chem.* **1991**, 69, 1403.

[41] Jan, K. C.; Hwang, L. S.; Ho, C. T. *J. Agric. Food chem.* **2009**, 57(14), 6101.

[42] Ward, R. S. *Nat. Prod. Rep.* **1993**, 10, 1.

[43] Ivon, E. J. M.; Edith, J. M. F.; Ilja, C. W. A.; Bas Bueno de Mesquita, H.; Peter, C. H. H.; Daan, K. *J. Nurt.* **2005**, 135, 1202.

[44] Milder, I. E.; Arts, I. C.; Van de Putte, B.; Venema, D. P.; Hollman, P. C. *J. Nurt.* **2005**, 93(3), 393.

[45] Smeds, A. I.; Eklind, P. C.; Sjoholm, R. E.; Willfor Nishibe, S.; Deyama, T.; e Holmbom, B. R. *J. Agric. Food Chem.*, **2007**, 55(4), 1337.

[46] Moss, G. P. *Pure Appl. Chem.* **2000**, 72(8), 1493.

[47] Weinges, K.; Nader. F.; Kunstler, K. *Chemistry of Lignans, ed.por C.B.S. Rao*, **1978**, 1-37.

[48] Kadali, S. S.; Chia-Chuan, C.; Wei-Kung, W.; Jung-Yaw, L.; Shoei-Sheng, L. *Bioorg. & Med. Chem. Lett.* **2004**, 12(15), 4045.

[49] Saleem, M.; Kim, H. J.; Shaiq Alic, M.; Lee, Y. S. *Nat. Prod. Rep.* **2005**, 22, 696.

[50] Ward, R.S. *Nat. Prod. Rep.* **1999**, 16, 75.

[51] Liu, K.; Lee, S.; Lin, M.; Chang, C.; Liu, C.; Lin, J.; Lien, E.; *Med. Chem. Res.* **1997**, 7, 168.

[52] Yang, L. M.; Lin, S. J.; Yang, T. H.; Lee, K. H. *Bioorg. Med. Chem. Lett.* **1996**, 6, 941.

[53] Eich, E.; Pertz, H.; Kaloga, M.; Schulz, J.; Fesen, M. R.; Mazumder, A.; Pommier, Y. *J. Med. Chem.* **1996**, 39, 86.

[54] Hara, H.; Fujihashi, T.; Sakata, T.; Kaji, A.; Kaji, H. *AIDS Res. Hum. Retro vírus*, **1997**, 695.

[55] Lee, C. T. L.; mLin, V. C. K.; Zhang, S. X.; Zhu, X. K.; Vliet, D. V.; Wang, S. A.; Cosentino, L. M.; Morris, S. L.; Natschke Lee, K.H. *Bio org. Med. Chem. Lett.*, **1997**, 7, 2897.

[56] Chen, D. F.; Zhang, S. X.; Xie, L.; Xie, J. X.; Chen, K.; Kashiwada, Y.; Zhou, B. N.; Wang, P.; Cosentino, L. M.; Lee, K. H. *Bio org. Med. Chem. Lett.* **1997**, 5, 1715.

[57] Gordaliza, M.; Faircloth, G. T.; Castro, M. A.; Corral, J. M. M.; Lopez-Vasquez, M. L.; San Feliciano, A. *J. Med. Chem.* **1996**, 39, 2865.

[58] Gordaliza, M.; Castro, M. A; Corral, J. M. M.; Lopez-Vasquez, M. L.; San Feliciano, A.; Faircloth, G. T. *Bioorg. Med. Chem. Lett.* **1997**, 7, 2781.

[59] Rickard, S. E.; Thompson, L. U. *ACS Symp. Ser.* **1997**, 7, 2781.

[60] Kurzer, M. S.; Xu, X. *Annu. Rev. Nutr.* **1997**, 17, 353.

[61] Pagnocca, F. C.; Ribeiro, S. B.; Torkomian, V. L. V.; Hebling, M. J. A.; Bueno, O. C.; Da Silva, O. A.; Fernandes, J. B.; Vieira, P. C.; Da Silva, M. F.; Ferraira, A. G. *J. Chem. Ecol.*, **1996**, 22,1325.

[62] Delorme, D.; Ducharme, Y.; Brideau, C.; Chan, C. C.; Chauret, N.; Desmarais, S.; Dube, D.; Falgueyret, J. P.; Fortin, R.; Guay, J.; Hamel, P.; Jones, T. R.; Lepine, C. M.; McAuliffe, M.; McFarlane, C. S.; Nicoll-Griffith, D. A.; Riendeau, D.; Yergey, J. A.; Girard, Y. *J. Med. Chem.*, **1996**, 39, 3951.

[63] Iwasaki, T.; Kondo, K.; Kuroda, T.; Moritani, Y.; Yamagata, S.; Sugiura, M.; Kikkawa, H.; Kaminuma, O.; Ikezawa, K. *J. Med. Chem.*, **1996**, 39, 1696.

[64] Buchanan, R. *J. Soc Work Health Care*, **1996**, 23(2), 15.

[65] Blois, M. S. *Nature*. **1958,** 26, 1199.

[66] Anderson, J. E.; Ebrahim Sansom, S. *Obstetrics and Gynecology*, **2004**, 103, 165.

[67] Leroy, V.; Newell, M. L.; Dabis, F.; Peckham, C.; Van de perre, P.; Bulterys, M.; Kind, C.; Simonds, R. J.; Wiktor, S.; Msellati, P. *The Lancet*, **1998**, 352, (9128), 597.

[68] Black, R. E.; Cousens, S. H.; Johnson, L. J. E.; Rudan, I.; Bassani, D. G.; Jha, P.; Campbell, H.; Walke, C. F.; Cibulskis, R.; Eisele, L.; Mathrs, L. C. *The Lancet*, **2010**, 375 (9730), 1969.

[69] Singh, I. P.; Bharate, S. B.; Bhutani, K. K. *Curr. Sci.* **2005**, 89 (20), 269.

[70] Nkengasong, J. N.; Janssens, W.; Heyndrickx, L.; Fransen, K.; Ndumbe, P. M.; Motte, J.; Leonaers, A.; Ngolle, M.; Ayuk, J.; Piot, P.; Groen, G. *AIDS*, **1994**, 8(10), 1405.

[71] Adlercreutz, H.; Mazur, W. *Ann. Med.* **1997**, 29, 95.

[72] Zahabiya H. A. *Tese de doutoramento, Universidade R. T. M. Nagpur, Nagpur*, **2011**.

[73] Thompson, L. U.; Seidl, M. M.; Rickard, S. E.; Orcheson, L. J.; Fong, H. H. S. *Nutr. Cancer*, **1996**, 26, 159.

[74] Thompson, L. U.; Rickard, S. E.; Orcheson, L. J.; Seidl, M. M.*Carcinogenesis*, **1996**, 17, 1373.

[75] Jenab, M.; Thompson, L. U. *Carcinogenesis*, **1996**, 17, 1343.

[76] Wang, C.; Kurzer, M. S. *Nutr. Cancer*. **1997**, 28, 236

[77] Bohlin, L.; Rosen, B. *Drug Discovery Today*, **1996**, 1, 343.

[78] Kamal, A.; Gayatfri, N. L. *Tetrahedron Lett*. **1996**, 37, 3359.

[79] Dley, L.; Meresse, P.; Bertounesque, E.; Monneret, C. *Tetrahedron Lett*. **1997**, 57, 2674.

[80] Huang, T. S.; Shu, C. H.; Yang, W. K.; Whang-Peng, J. *Cancer Res*. **1997**, 57, 2974.

[81] Huang, T. S.; Shu, C. H.; Shih, Y. L.; Huang, H. C.; Su, Y. C.; Chao, Y.; Yang, W. K.; Jing, W. P. *Cancer Lett*., **1996**, 110, 77.

[82] Utsugi, T.; Shibata, J.; Sugimoto, Y.; Aoyagi, K.; Wierzba, K.; Kobunai, T.; Terada, T.; Tsuruo, T.; Yamada, Y. *Cancer Res*. **1996**, 56, 2809.

[83] Mross, K.; Huttmann, A.; Herbst, K.; Hanauske, A. R.; Schilling, T.; Manegold, C.; Burk, K.; Hossfield, D. K. *Cancer Chemo. Pharmacol*. **1996**, 38, 217.

[84] Pan, T. L.; Wang, Y. G.; Chen, Y. Z. *Curr. Sci*. **1997**, 72, 268.

[85] Nudelman, A.; Ruse, M.; Gottlieb, H. E.; Fairchild, C. *Arch Pharm. Med. Chem*., **1997**, 330, 285.

[86] Gupta, R.; Al-Said, N. H.; Oreski Lown, J. W. *Anti-Cancer Drug Des*. **1996**, 11, 325.

[87] Tepe, J. J.; Madalengoitia, J. S.; Slunt, K. M.; Werbovetz, K. M.; Spoors, P. G.; Macdonald, T. L. *J. Med. Chem*. **1996**, 39, 2188.

[88] Corral, J. M.; Del Gordaliza, M. M.; Castro, M. A.; Lopez-Vazquez, M. L.; Garcica-Garvalos, M. D.; Broughton, G. B. A.; Feliciano, S. *Tetrahedron*, **1997**, 53, 6555.

[89] Gordaliza, M.; Castro, M. A.; Corral, J. M. M.; Lopez-Vazquez, M. L.; Garcia, P. A.; San Feliciano, A.; Broughton, H. *Tetrahedron*, **1997**, 53, 15743.

[90] Jurd, L. *J. Heterocyclic Chem*., **1996**, 33, 1227.

CAPÍTULO - 2: Atividade hepatoprotectora dos derivados de benzofluorenona sintetizados a partir do ácido β-arilideno-β-benzoil propiónico

2.1 : Introdução

A pesquisa bibliográfica revela que os derivados da benzofluorenona não têm merecido muita atenção pela sua atividade hepatoprotectora, embora tenham uma marcada atividade antioxidante [1]. Assim, o presente estudo foi realizado para sintetizar alguns compostos com diferentes naturezas e posições de substituintes no núcleo da benzofluorenona [2], bem como cadeias laterais nas suas várias posições, e para estudar o seu potencial hepatoprotector [3]. Nesta secção, relatamos a síntese de alguns derivados da benzofluorenona e a sua atividade hepatoprotectora em ratos intoxicados com tetracloreto de carbono.

Este estudo teve como objetivo a síntese de novos derivados de benzofluorenona. Os derivados de benzofluorenona (7A- I) foram sintetizados em laboratório. As estruturas dos compostos sintetizados foram confirmadas com base nos seus dados químicos e espectrais. Este trabalho foi também alargado para estudar a possível atividade hepatoprotectora dos compostos sintetizados contra a hepatotoxicidade induzida pelo tetracloreto de carbono (CCl_4) em ratos Sprague-Dawley adultos, estimando os níveis de parâmetros bioquímicos como a aspartato aminotransferase (AST), a alanina transferase sérica (ALT), a fosfatase alcalina sérica (SALP) e as proteínas totais (TP), utilizando kits de ensaio (Merck, Índia).

A doença hepática [4] é uma das principais causas de morte em muitos países e ocorre devido ao consumo de álcool, à má nutrição, à exposição contínua a poluentes ambientais, a medicamentos hepatotóxicos, a toxinas químicas e a infecções. Esta doença provoca várias perturbações [5], como a hepatite viral aguda, a hepatite viral crónica e a cirrose hepática. Os diferentes métodos médicos, cirúrgicos e terapêuticos atualmente disponíveis para o tratamento das doenças hepáticas são inadequados, com resultados geralmente fracos. Por conseguinte, é essencial procurar novos medicamentos para o tratamento das doenças hepáticas. Sabe-se que algumas plantas medicinais de ocorrência natural são potentes fármacos hepatoprotectores e são amplamente utilizadas no sistema de medicina alternativa em todo o mundo para curar doenças hepáticas [6]. A silimarina isolada das sementes de *Silybum marianum,* vulgarmente conhecida como *cardo mariano* [7], tem sido utilizada como um potente agente anti-hepatotóxico contra uma variedade de substâncias tóxicas na medicina moderna [8]. A silimarina é uma mistura complexa de três isómeros de flavolignano, nomeadamente a silibina, a silidianina e a silicristina [9]. Entre os isómeros, a silibina é o componente principal e mais ativo, representando cerca de 60-70%, seguido da silicristina (20%) e da silidianina (10%) [10]. A silibina contém um sistema de anel 1,4-dioxano na sua estrutura, enquanto os outros isómeros, ou seja, a silicristina e a silidianina, não possuem um anel 1,4-dioxano e não apresentam uma atividade significativa [10].

As benzofluorenonas são estruturas orgânicas com cetonas cíclicas fundidas com uma estrutura de benzeno que não ocorre na natureza [11]. No entanto, vários derivados de benzofluorenonas são metabolitos secundários de plantas que foram isolados de fontes naturais [12-23].

2.2 : Revisão da literatura sobre a estrutura e as funções do fígado

O fígado [24] é a maior glândula do corpo, situada ligeiramente abaixo do diafragma e anterior ao estômago. É constituído por dois lóbulos em forma de cunha. Dois vasos sanguíneos entram no fígado, nomeadamente a veia porta hepática com substâncias alimentares dissolvidas provenientes do intestino delgado e a artéria hepática com sangue oxigenado proveniente dos pulmões. Dois ductos têm origem no fígado e unem-se para formar o ducto hepático comum, que se abre com o ducto pancreático no lado oco do duodeno. A vesícula biliar encontra-se no interior do fígado e é o local de armazenamento da bílis, que é formada pelas células hepáticas. O lobo direito do fígado é maior do que o lobo esquerdo. Cada lóbulo está dividido em muitos lóbulos pequenos, cada um com o tamanho aproximado de uma cabeça de alfinete e constituído por muitas células hepáticas, com canais biliares e canais sanguíneos entre eles. Toda a estrutura do fígado é permeada por um sistema de capilares sanguíneos, capilares biliares e capilares linfáticos [25]. As células hepáticas segregam a bílis e esta acumula-se nos capilares biliares, que depois se unem, formando os canais biliares. Estes ductos biliares acabam por se unir, formando o ducto hepático principal, que dá origem a um ramo, o ducto cístico, no seu caminho em direção ao ducto hepático. O ducto cístico conduz à vesícula biliar. Quando um ducto cístico se junta ao ducto hepático, os dois continuam como o ducto biliar geral, que depois se junta ao ducto pancreático, formando um ducto comum que se abre no duodeno [26].

As funções do fígado são variadas, trabalhando em estreita colaboração com quase todos os sistemas e processos fundamentais do corpo humano, em particular a homeostase e a regulação do açúcar no sangue [27-28].

1. **Regulação do açúcar no sangue :** O nível de açúcar no sangue mantém-se em cerca de 0,1%, e o excesso proveniente do intestino é armazenado como glicogénio. A hormona chamada insulina - segregada pelo pâncreas - transforma o excesso de glicose em glicogénio.

2. **Regulação dos lípidos:** os lípidos são extraídos do sangue e transformados em hidratos de carbono, etc., consoante as necessidades, ou enviados para locais de armazenamento de gorduras, se não forem imediatamente necessários.

3. **Regulação dos aminoácidos:** O fornecimento de aminoácidos no sangue é mantido a um nível normal. Qualquer reserva que não tenha sido absorvida não pode ser armazenada, mas é convertida em produtos residuais, chamados ureia, quando no fígado, e é então enviada para os rins para ser

removida do corpo como urina. O resto da molécula de aminoácido não é desperdiçado; é transformado num hidrato de carbono que pode ser utilizado.

4. **Produção de calor :** O fígado é uma das regiões do corpo que mais trabalha e produz muito calor residual. Este é transportado pelo corpo através do sangue e aquece as regiões menos activas.

5. **Formação da bílis :** A bílis é constituída por sais biliares e pigmentos biliares excretores. É importante para acelerar a digestão dos lípidos.

6. **Formação de colesterol :** Esta substância gorda é utilizada pelas células. Uma quantidade excessiva no sangue pode provocar a obstrução dos vasos sanguíneos, o que pode levar a ataques cardíacos, etc.

7. **Eliminação de hormonas e toxinas :** O fígado extrai muitos materiais nocivos do sangue e excreta-os na bílis ou nos rins.

8. **Formação de glóbulos vermelhos no embrião jovem :** Durante o seu desenvolvimento no útero, a formação de glóbulos vermelhos no embrião jovem tem lugar no fígado.

9. **Produção de heparina :** Esta substância impede a coagulação do sangue durante a sua deslocação através do sistema sanguíneo.

10. **Remoção das moléculas de hemoglobina**: Quando os glóbulos vermelhos morrem, a hemoglobina é convertida em pigmentos biliares e os átomos de ferro são guardados para utilização futura.

11. **Armazenamento de sangue :** O fígado pode inchar para armazenar grandes quantidades de sangue que podem ser libertadas para a circulação se o corpo precisar subitamente de mais, por exemplo, se for ferido.

12. **Formação das proteínas plasmáticas :** As proteínas plasmáticas são utilizadas na coagulação do sangue e para manter o plasma sanguíneo constante. As principais proteínas do sangue incluem o fibrinogénio, a protrombina, a albumina e as globulinas.

13. **Armazenamento de vitaminas :** Armazenamento de vitaminas como a vitamina A e D. A vitamina A também é produzida no fígado a partir do caroteno, o pigmento vermelho alaranjado das plantas. A vitamina B12 também é armazenada no fígado.

2.2.1 : Doenças hepáticas

As doenças do fígado podem ser classificadas em :

- A hepatite e a inflamação do fígado são causadas principalmente por vários vírus (hepatite viral), mas também por algumas toxinas hepáticas (por exemplo, hepatite alcoólica), autoimunidade (hepatite autoimune) ou condições hereditárias [29].

❖ A doença hepática alcoólica é a manifestação hepática do consumo excessivo de álcool, incluindo a doença do fígado gordo, a hepatite alcoólica e a cirrose. Termos análogos, como doença hepática "induzida por medicamentos" ou "tóxica" [30], são também utilizados para referir a gama de perturbações causadas por vários medicamentos e produtos químicos ambientais.

❖ A doença do fígado gordo (esteatose hepática) é uma doença reversível, em que se acumulam grandes vacúolos de gordura triglicérida nas células do fígado. A doença hepática gorda não alcoólica é um espetro de doença associado à obesidade e à síndrome metabólica, entre outras causas. O fígado gordo pode levar a doença inflamatória (isto é, esteato-hepatite) e, eventualmente, a cirrose.

❖ A cirrose é a formação de tecido fibroso (fibrose) no lugar das células do fígado que morreram devido a uma variedade de causas, incluindo hepatite viral, consumo excessivo de álcool e outras formas de toxicidade hepática. A cirrose provoca uma insuficiência hepática crónica.

O cancro primário do fígado manifesta-se mais frequentemente como carcinoma hepatocelular e/ou colangiocarcinoma; as formas mais raras incluem o angiossarcoma e o hemangiossarcoma do fígado.

❖ A fibrose é a formação de tecido conjuntivo fibroso em excesso num órgão ou tecido, num processo reparador ou reativo. Isto é o oposto da formação de tecido fibroso como um constituinte normal de um órgão ou tecido. A cicatrização é uma fibrose confluente que oblitera a arquitetura do órgão ou tecido subjacente [31].

2.2.2 : Toxicidade hepática

A lesão das células hepáticas causada por vários tóxicos, tais como certos agentes quimioterapêuticos, tetracloreto de carbono, tioacetamida, etc., consumo crónico de álcool e micróbios está bem estudada.

Hepatotoxinas [32]

Uma série de agentes farmacológicos e químicos actuam como hepatotoxinas. As hepatotoxinas são

1) Hepatotoxinas diretas: Os agentes que danificam a membrana dos hepatócitos têm como consequência direta a interferência no metabolismo celular.

Hepatotoxinas diretas e seus efeitos:

Nome	**Alterações morfológicas**
Tetracloreto de carbono	Diminui os níveis de glicogénio e de proteínas e aumenta o teor de lípidos.

Paracetamol (Acetaminofeno)	Diminui os níveis de glicogénio e de proteínas e aumenta o teor de lípidos.
Tioacetamida	Diminui os níveis de glicogénio e de proteínas sem afetar o nível de lípidos.
Galactosamina	Diminui os níveis de glicogénio e de proteínas e aumenta o perfil lipídico.
Álcool etílico	Provoca a degeneração dos hepatócitos, a deposição de colagénio e a necrose.
Fulvina	Produz edema e congestão e tem um efeito prejudicial no parênquima.

II)

Faloidina (toxina do cogumelo)	Danifica a membrana plasmática dos hepatócitos, bem como os seus filamentos activos.

Hepatotoxinas indirectas: Os agentes que produzem lesões hepáticas em resultado de uma interferência selectiva nas vias metabólicas ou de uma ligação selectiva ou alteração de um componente específico são denominados hepatotoxinas indirectas.

Hepatotoxinas indirectas e seus efeitos :

Medicamentos e produtos químicos	**Classe de agente**	**Alteração morfológica**
Metil testosterona	Esteróides anabolizantes	Colestase
Methimazole	Antitiroideu	
Estolato de eritromicina	Quimioterapia	
Clorpropamida	Hipoglicémico oral	
Clorpromazina	Tranquilizante	
Tetraciclina	Quimioterapia	Fígado gordo
Ácido valpróico	Anticonvulsivante	
Rifampicina	Antituberculoso	Colestase e necrose

Halotano	Anestésico	Hepatite
Fenitoína	Anticonvulsivante	
Metildopa	Anti-hipertensivo	
Fenilbutazona	Anti-inflamatório	Granulomas
Sulfonamidas	Quimioterapia	
Alopurinol	Inibidor da xantina oxidase	
Fósforo amarelo	Metal	Tóxico(necrose)
Amanita phalloides	Cogumelo	
Acetaminofeno	Analgésico	

2.2.3 Mecanismo de desintoxicação

Existem vários sistemas enzimáticos envolvidos nas transformações bioquímicas. Dois tipos principais de reacções ocorrem no fígado na presença de substâncias exógenas [33].

Na fase I**:** modificação química de grupos por oxidação, redução, hidroxilação, sulfonação, desalquilação e desmetilação.

Na fase II**:** A conversão de substâncias exógenas nos seus derivados glucuronídeo, sulfato, acetilo, taurina ou glicina para transformar substâncias lipofílicas em derivados hidrossolúveis e excretados na bílis ou na urina.

Outro mecanismo pelo qual as biotransformações dependentes da oxidase de função mista produzem lesão hepática é devido à formação de espécies de oxigénio activadas. O sistema do citocromo P-450 produz peróxido de hidrogénio a partir da dismutação de aniões superóxido. O stress oxidativo imposto pela formação de O_2 e H_2O_2 pode oferecer uma alternativa à ligação covalente como explicação da atividade biológica [34]

2.2.4 : Tratamento das afecções hepáticas

Situação atual dos hepatoprotectores

Praticamente não existe um único agente terapêutico curativo disponível, exceto preparações à base de plantas que apoiam ou promovem o processo de cura ou regeneração das células do fígado. Os remédios tradicionais ainda são populares entre a população rural devido ao seu custo mais baixo, menos efeitos secundários e fácil disponibilidade. Os remédios disponíveis na medicina moderna são os corticosteróides e os imunossupressores, que proporcionam apenas um alívio sintomático, na maior parte das vezes sem influenciar o processo, e apresentam o risco de recaída e o perigo de efeitos secundários [35].

Medicamentos hepatoprotectores

Classe de compostos	**Exemplos**
Purinas e seus nucleósidos	Teofilina, Cafeína
Pirimidopirimidinas	β-carbolinas
Alcalóides	Berberina, Protopina, Atropina
Heterociclos de enxofre	Ditiocarbamato de pirrolidina, 1,3-ditiolanos, 1,3-ditióis, N-acetilcisteína
Heterociclos de oxigénio	Cumarinas Dicumarol, Umbeliferona, Esculina Flavonóides Quercetina, Catequina, Flamina, Flaveno, Lignanos, Silimarina, Schizantherina A, Schizantherina B Scizantherina C, Filantina, Hipofilantina
Glicosídeos	Glicosídeos iridóides, Picrosídeo I e picrosídeo II, Saponinas, Saikosaponina D, Saikosaponina A
Terpenóides	Monoterpenóide, borneol, Sesquiterpenóides, Atractylon, β-eudesmol, Lindstreme, Diterpenóides, Andrographolide, Triterpenóides, Cucurbitacina B, Papyriogenin C, Glicirrizina, ácido quinóvico, carotenóides, crocetina, crocina quinona, ubiquinona, antraquinona Esteróides, acetato de hidrocortisona, aldadieno, quinbolona, oxandrolona. Álcoois e fenóis Vanilina, ácido vanílico, eugenol, apocianina, polihidroxifenilchalconas, amidas derivados de 4-acilaminofenol, valerolactama, ácido glicólico, ácido glicérico, ácido cicloxílico, ácido tiazolidina-4-carboxílico, aminoácidos L-alanina, L-glutamina.
Heterociclos azotados	Derivado de pirazol, 3,5-diaminopirazol, derivado de imidazol, fosfato de imidazol de 5-amina-4-carboxamida, derivado de triazol, Ribavirina Derivado de piridina, Lufironil, Nicardipina Nucleósido de pirimidina, 2',3' -dideoxi 2'3'didehidro-β -L-5-flurociti dina

1.1.5 : Papel dos radicais livres nas doenças do fígado

As espécies reactivas de oxigénio e azoto (ROS e RNS) são produzidas pelo metabolismo das células normais [36]. No entanto, nas doenças do fígado, a redox é aumentada, danificando assim o tecido hepático. A capacidade do etanol para aumentar tanto as ROS/RNS como a peroxidação dos lípidos, do ADN e das proteínas foi demonstrada numa variedade de sistemas, células e espécies, incluindo os seres humanos. As ROS/RNS podem ativar as células estreladas hepáticas [37], que se caracterizam por uma maior produção de matriz extracelular e por uma proliferação acelerada. O diálogo entre as células parenquimatosas e não parenquimatosas é um dos eventos mais importantes na lesão hepática e na fibrogénese; as ROS desempenham um papel importante na fibrogénese através do aumento do fator de crescimento derivado das plaquetas [38]. A maioria dos carcinomas hepatocelulares ocorre em fígados cirróticos [39], e o mecanismo comum para a hepatocarcinogénese é a inflamação crónica associada a um stress oxidativo grave; outros factores de risco são o consumo de aflatoxina B1 na dieta, o consumo de cigarros e o consumo excessivo de álcool. A lesão de isquemia-reperfusão afecta diretamente a viabilidade dos hepatócitos, sobretudo durante o transplante e a cirurgia hepática; a isquemia ativa as células de Kupffer, que são a principal fonte de ERO durante o período de reperfusão. O mecanismo de ação tóxica do paracetamol centra-se na ativação metabólica do fármaco, na depleção do glutatião e na ligação covalente do metabolito reativo N-acetil-p-benzoquinona imina às proteínas celulares como principal causa de morte das células hepáticas; as etapas intracelulares críticas para a morte celular incluem a disfunção mitocondrial e, sobretudo, a formação de ERO e peroxinitrito. A infeção com hepatite C está associada a um aumento dos níveis de ROS/RNS e a uma diminuição dos níveis de antioxidantes. Consequentemente, os antioxidantes têm sido propostos como uma terapia adjuvante para várias doenças hepáticas [40].

Um aumento da produção de radicais livres no fígado tem sido implicado numa variedade de doenças hepáticas. Os radicais livres podem danificar as macromoléculas celulares e, por conseguinte, podem participar na lesão hepatocelular quando produzidos em excesso. Existem fortes indícios da produção de radicais livres hepáticos em modelos animais de sobrecarga de ferro e cobre, consumo de etanol e isquémia-reperfusão. Embora se saiba menos sobre a situação nos seres humanos com doenças hepáticas, a evidência disponível é consistente com os resultados das experiências com animais. Os tratamentos que reduzem a produção e/ou os níveis de radicais livres têm efeitos protectores na isquémia-reperfusão hepática. A peroxidação lipídica iniciada por radicais livres pode desempenhar um papel na fibrogénese hepática, talvez através de um efeito dos produtos de peroxidação aldeídica nas células de Kupffer e nos lipócitos. Esta hipótese é apoiada pela observação de que a suplementação dietética com vitamina E tem um efeito protetor na fibrose hepática induzida pelo tetracloreto de carbono. Embora os danos celulares nas doenças hepáticas humanas sejam provavelmente multifactoriais, os radicais livres podem desempenhar um papel importante na iniciação e/ou perpetuação desses danos [41].

1.1.6 : Defesas antioxidantes

Os antioxidantes [42] são moléculas que podem interagir com segurança com os radicais livres e terminar a reação em cadeia antes de as moléculas vitais serem danificadas. Para se proteger contra os efeitos tóxicos dos ERO e para modular os efeitos fisiológicos dos ERO, a célula desenvolveu um sistema de defesa antioxidante intrinsecamente regulado. O sistema de enzimas antioxidantes é muito complexo, sendo composto por compostos antioxidantes de pequeno peso molecular (vitaminas E, C, A); enzimas antioxidantes primárias (superóxido dismutases, catalase, glutationa peroxidase) e secundárias (glutationa redutase, glucose-6-fosfato desidrogenase, etc.); sistemas de glutationa, glutaredoxina e tioredoxina.

1.1.6.1 : Vitamina E (tocoferol)

Na verdade, é um termo genérico que se refere a todas as entidades que exibem a atividade biológica do tocoferol. O α-tocoferol, o isómero mais amplamente disponível, tem o efeito mais forte no organismo. Uma vez que é lipossolúvel, o α-tocoferol está numa posição única para proteger as membranas celulares dos danos causados pelos radicais livres[135] . O α-tocoferol também protege as gorduras das lipoproteínas de baixa densidade da oxidação, enquanto o Y-tocoferol é particularmente eficaz contra o radical peroxinitrito.

1.1.6.2 : Vitamina C

É também conhecido como ácido ascórbico. É uma vitamina solúvel em água, que elimina os radicais livres presentes num ambiente aquoso. A vitamina C não só pode neutralizar os radicais hidroxilo (·OH), alcoxilo (·OR) e peroxilo (ROO·) através da doação de hidrogénio, como também pode neutralizar a forma radicalar de outros antioxidantes, como a glutationa e a vitamina E [43].

1.1.6.3 : Beta-caroteno

É também uma vitamina solúvel em água e é o mais estudado dos 600 carotenóides identificados até à data. Pensa-se que é o melhor supressor do oxigénio simples, uma forma energizada mas não carregada de oxigénio que é tóxica para as células. O β-caroteno é também excelente na eliminação de radicais livres a baixas concentrações de oxigénio.

1.1.6.4 : Enzimas antioxidantes

Existem vários sistemas enzimáticos que catalisam reacções para neutralizar os radicais livres e as espécies reactivas de oxigénio [44]. As enzimas antioxidantes superóxido dismutase (SOD), catalase (CAT) e glutatião peroxidase (GPx) funcionam como a principal linha de defesa na destruição dos radicais livres.

A SOD é uma enzima intracelular produzida endogenamente e presente em praticamente todas as células do organismo. Catalisa a conversão do radical anião superóxido em oxigénio e peróxido de hidrogénio.

A catalase e a glutationa peroxidase (GPx), dependente do selénio, trabalham em simultâneo com a proteína glutatião para reduzir o peróxido de hidrogénio e, por fim, produzir água. Os tióis como as tioredoxinas, a cisteína e o glutatião reduzido são também exemplos de moléculas que podem reduzir os radicais livres por doação de hidrogénio. As metalotioneínas são pequenas proteínas ricas em cisteína que podem reduzir o stress oxidativo através da ligação a metais e ao hidrogénio. A melatonina é um potente inibidor dos radicais hidroxilo e atravessa facilmente as membranas celulares e a barreira hemato-encefálica, o que a torna particularmente eficaz na proteção do ADN no núcleo e nas mitocôndrias do cérebro. O carotenoide mais potente é o licopeno, que tem 100 vezes a ação supressora do oxigénio simples da vitamina E, que (por sua vez) tem 125 vezes a ação supressora do glutatião. Mas o licopeno e a vitamina E só são eficazes nas zonas que contêm lípidos, enquanto o glutatião pode ser encontrado nas zonas aquosas [45].

2.3: : Atividade hepatoprotectora das Benzofluorenonas sintetizadas

Os derivados de benzofluorenona foram preparados com rendimentos notáveis através da ciclização dupla rápida intramolecular do ácido β-arilideno-β-benzoilpropiónico. A reação é promovida de forma proficiente por uma quantidade extremamente pequena de Montmorillonite K10 em meio de etanol a 100^0 C, que actua como catalisador heterogéneo. É a primeira vez que estes derivados de benzofluorenona recentemente sintetizados exibem proteção contra a hepatotoxicidade induzida por tetracloreto de carbono (CCl_4) em ratos Sprague-Dawley adultos. Esta atividade pioneira foi estimada pelos níveis de parâmetros bioquímicos, como a aspartato aminotransferase (AST), a alanina transferase sérica (ALT), a fosfatase alcalina sérica (SALP) e as proteínas totais (TP), utilizando kits de ensaio regulares (Merck, Índia). Além disso, entre os derivados básicos de benzofluorenona sintetizados, o composto denominado **"7D"** mostrou uma potente atividade hepatoprotectora na dose de 150 mg/kg quando comparado com outros produtos sintetizados e com o medicamento de referência padrão silimarina, enquanto outros compostos exibiram uma atividade moderada a média. É de salientar que esta atividade não foi associada a qualquer efeito negativo na funcionalidade do fígado dos animais, com uma toxicidade quase nula.

2.4: : Secção experimental

2.4.1 : Materiais e Métodos

Todos os produtos químicos e reagentes foram adquiridos à Aldrich (*Sigma-Aldrich, St. Louis, MO,*

EUA), Lancaster (*AlfaAesar, Johnson Matthey Company, Ward Hill, MA, EUA*) ou Spectrochem Pvt. Ltd (*Mumbai, Índia*) e foram utilizados sem purificação adicional. Todos os kits eram produtos da E. Merck (Índia) e da Sigma Chemical Company (EUA). A silimarina, fabricada pela Micro Labs India, foi adquirida numa farmácia local, em Nagpur (Maharashtra).

2.4.2 . Farmacologia in vivo

2.4.2.1 Hepatotoxicidade induzida por CCl4

Todos os protocolos experimentais foram realizados em estrita conformidade com os princípios éticos e as diretrizes do Committee for Purpose of Control and Supervision of Experimental Animals (CPCSEA), Ministério do Ambiente e das Florestas; Governo da Índia; Nova Deli. Os ratos Sprague-Dawley adultos (peso, 460 ± 10 g) adquiridos ao National Institute of Nutrition, Hyderabad, Índia, foram alojados num ambiente com temperatura controlada (25 ± 2^0 C), num ciclo de 12 horas de luz/obscuridade (luzes acesas às 7h00), com livre acesso a água e a uma dieta padrão granulada durante 7 dias. Os ratos Sprague- Dawley (n=6) foram submetidos a um jejum de 12 horas antes da experimentação e divididos aleatoriamente em diferentes grupos. Os ratos do grupo de controlo foram administrados por via oral com uma dose única de solução salina (1 ml/kg) diariamente durante 5 dias e injectados com parafina líquida (1 ml/kg, por via subcutânea) nos dias 2 e 3. O outro grupo recebeu água (1 ml/kg, por via oral) uma vez por dia durante 5 dias e injectou tetracloreto de carbono em parafina líquida (1:1, 2 ml/kg, por via subcutânea) nos dias 2 e 3. A um grupo adicional de animais foi administrado o medicamento padrão silimarina (50 mg/kg) uma vez por dia durante 5 dias.

Os animais dos grupos de teste foram administrados por via oral numa dose de 150 mg/kg de compostos sintetizados sob a forma de suspensão aquosa uma vez por dia e administrados simultaneamente com CCl4:parafina líquida (1:1, 2 ml/kg, por via subcutânea) nos dias 2 e 3 após 30 minutos de administração da silimarina e dos compostos sintetizados **(7A-I)**. Sob anestesia com éter, o sangue foi retirado do plexo retro-orbital, recolhido, deixado coagular e o soro foi separado a 2500 rpm numa centrifugadora durante 15 minutos e foram efectuadas investigações bioquímicas. As determinações das enzimas séricas, como a aspartato aminotransferase (AST), a alanina transferase sérica (ALT), a fosfatase alcalina sérica (SALP) e a proteína total (TP), foram efectuadas utilizando kits de ensaio (E-Merck, Índia).

2.4.2.2 Desenho experimental :

Os animais foram divididos em doze grupos de seis animais cada em todos os conjuntos de experiências. Como agente hepatotóxico foi utilizado o tetracloreto de carbono (CCl4) misturado com parafina líquida (1:1). Os medicamentos foram administrados durante cinco dias após a administração de CCl4, sob a forma de uma suspensão aquosa feita de carboximetilcelulose, de acordo com o seguinte esquema de tratamento.

O Grupo I (C, controlo normal) recebeu apenas água destilada. O Grupo II (NC, controlo tóxico) foi tratado com CC14 (2,0 ml/kg) no primeiro dia de estudo para produzir toxicidade no fígado. O Grupo III (PC, tratado com silimarina) recebeu uma dose única de CC14 (2,0 ml/kg) no primeiro dia e, em seguida, a silimarina (50 mg/kg, diariamente) foi administrada durante cinco dias. Aos grupos IV a XII foi administrada uma dose única de CC14 (2,0 ml/kg) no primeiro dia, seguida de um tratamento oral com uma dose diária (150 mg/kg) de benzofluorenona sintetizada **(7A-I)**, respetivamente, durante cinco dias. No último dia, o sangue foi colhido diretamente do retro plexo orbital dos ratos de cada grupo colhido, deixou-se coagular e o soro foi separado a 2500 rpm durante 15 minutos, tendo-se procedido a investigações bioquímicas.

2.4.2.3 Análises bioquímicas

Os parâmetros bioquímicos, tais como a aspartato aminotransferase (AST), a alanina transferase sérica (ALT), a fosfatase alcalina sérica (SALP) e as proteínas totais (TP), foram efectuados utilizando kits de ensaio (Merck, Índia), de acordo com os métodos descritos.

2.4.2.4 Análise estatística

Os resultados das estimativas bioquímicas foram relatados como média (DP). A análise estatística foi feita pelo teste "t" de Student, onde*P≤*0,0001, ti-P≤0,001, SP≥0,05.* Os gráficos foram plotados no Microsoft Excel 2010, e a significância foi calculada com o MedCalc 10.0.

2.5: Resultados e discussão

Os resultados dos compostos sintetizados **(esquema de reação no livro anterior; Tabela-2.3)** e o seu rastreio farmacológico foram resumidos na **(Tabela-2.1)**. Os compostos foram obtidos com bom rendimento e foram caracterizados pelos seus dados espectrais e químicos. Uma dose única de CC14 (2 ml/kg) significativamente mais elevada (*P<0,0001*), elevou as actividades de AST, SGOT, SALP e TP (216,5, 428,2, 273,9 e 4,86 unidades/ml) quando comparada com os animais normais (46,2, 108,6, 67,9 e 1,37 unidades/ml), respetivamente, indicando uma elevação dos níveis enzimáticos **(Grupo-I, Tabela-2.1)**.

O tratamento dos ratos com os compostos em investigação diminuiu os níveis enzimáticos no intervalo de 137-165 unidades/ml para AST, 202,2-332,9 unidades/ml para

ALT, 206,2-206,4 unidades/ml para ALP e 3,64-3,65 unidades/ml para TP, que foram considerados comparáveis aos níveis enzimáticos (AST, ALT, ALP e TP) elevados por ratos induzidos por CC14. O medicamento padrão silimarina também reduziu os níveis enzimáticos no intervalo de 106,85, 151,03, 168,61 e 2,24 unidades/ml, para AST, ALT, ALP e TP, respetivamente **(ver o gráfico)**.

A silimarina é um fármaco hepatoprotector bem estabelecido, capaz de diminuir os níveis elevados de enzimas hepáticas em várias hepatotoxicidades induzidas por fármacos [39]. A administração de compostos de teste aumentou o nível reduzido de proteína total no intervalo de 3,42-3,99 g/ml e também diminuiu os valores elevados de outras enzimas em comparação com o valor de toxicidade induzido. Os compostos sintetizados que contêm o grupo retirador de electrões mostraram uma atividade hepatoprotectora curta.

Na AST, o grupo tratado com CCl4 apresentou um aumento significativo (*P<0,001*) nos valores. Mas não houve alteração significativa na redução dos níveis enzimáticos pelos compostos sintetizados, exceto **7A, 7C** e **7D**.

Na ALT, o grupo tratado com CCl4 apresentou um aumento significativo (*P<0,0001*) nos valores. Os compostos **7A**, **7C** e **7D** foram equipotentes e mais significativos (*P<0,0001*) em comparação com o grupo tratado com CCl4. Os compostos **7B, 7E, 7F** e **7I** foram considerados insignificantes a este respeito.

Na ALP, o grupo tratado com CCl4 exibiu um aumento significativo (*P<0,0001*) nos valores. Os compostos **(7B-H)** foram considerados significativos (P≥0,05), enquanto os compostos **7A** e **7I** foram considerados insignificantes quando comparados com o PC. Os valores de TP foram significativamente aumentados (*P<0,0001*) no grupo tratado com CCl4 e significativamente reduzidos pelo tratamento com os compostos **(7A-I)** (P≤0,001) igualmente quando comparados com PC.

Por conseguinte, o presente estudo avaliou os efeitos hepatoprotectores de todos os compostos sintetizados na toxicidade hepática induzida por CCl4. A administração aguda de CCl4 produziu uma elevação significativa dos níveis séricos de AST, ALT, ALP e TP e os compostos **(7A-I)** registaram uma diminuição significativa de todos os níveis séricos em comparação com o grupo CCl4.

2.6: Conclusão

Alguns novos derivados de benzofluorenona do ácido β-arilideno-β-benzoilpropiónico foram sintetizados e as suas propriedades hepatoprotectoras foram avaliadas na proteção contra a hepatotoxicidade induzida pelo tetracloreto de carbono (CCl4) em ratos Sprague-Dawley adultos. Entre os compostos, o **"7D"** demonstrou uma elevada atividade hepatoprotectora sem qualquer efeito negativo no fígado dos animais. Esta investigação revelou novas estruturas de chumbo na descoberta de medicamentos contra a hepatite, mas são necessários mais estudos alargados que expliquem o mecanismo subjacente às propriedades hepatoprotectoras destes compostos, bem como os efeitos toxicológicos destes novos compostos em relação aos medicamentos de referência.

Tabela 2.1: Efeito dos compostos sintetizados (7A-I) em diferentes níveis enzimáticos na hepatotoxicidade induzida por CCl4 em ratos Sprague-Dawley

Grupos	Tratamento	Dose (mg/kg)	AST (unidades/ml)	ALT (unidades/ml)	ALP (unidades/ml)	TP (unidades/ml)
I	Normal (C)	-	46.20 ± 6.03	108.68 ± 15.61	67.90 ± 9.60	1.37 ± 0.1204
II	Tóxico CCl4 (NC)	2 ml/kg	216.56 ± 24.26	428.25 ±50.45	273.98 ± 15.26	4.86 ± 0.4601
III	Silimarina (PC)	50	106.85 ± 9.68	151.03 ± 14.25	168.61 ± 19.24	2.24 ± 0.0600
IV	7A	150	136.80 ± 32.43	202.26 ± 44.89	204.00 ± 37.68	3.64 ± 0.1211
V	7B	150	186.33 ± 34.71	266.60 ± 49.33	131.50 ± 16.08	3.69 ± 0.1504
VI	7C	150	150.06 ± 24.16	213.20 ± 33.74	147.80 ± 28.77	3.47 ± 0.1455
VII	7D	150	157.35 ± 29.41	220.43 ± 35.77	144.66 ± 15.01	3.44 ± 0.1506
VIII	7E	150	184.36 ± 37.26	337.75 ± 40.83	168.96 ± 37.44	3.43 ± 0.1406
IX	7F	150	197.61 ± 47.60	388.66 ± 39.18	182.48 ± 34.33	3.44 ± 0.1399
X	7G	150	178.80 ± 15.72	269.91 ± 27.02	154.16 ± 15.16	4.01 ± 0.1737
XI	7H	150	170.36 ± 18.35	251.11 ± 26.30	162.21 ± 17.91	3.59 ± 0.1304
XII	7I	150	164.76 ± 18.07	332.20 ± 40.44	206.51 ± 23.15	3.68 ± 0.1613

Os resultados das estimativas bioquímicas foram relatados como média (DP). A análise estatística foi efectuada através do teste "t" de Student, em que *$*P \leq 0,0001$, ti-$P \leq 0,001$, $SP \geq 0.()5$.* n=6 animais por grupo, (AST) =Aspartato aminotransferase, (ALT) =Alanina transferase sérica, (SALP) =Fosfatase alcalina sérica e (TP) =Proteína total. Grupo III comparado com os grupos I, II, IV-XII. Os valores são estatisticamente significativos em; onde *$*P \leq 0,0001$, $\#P < 0,001$, $SP \geq 0,05$.*

Gráficos dos parâmetros biológicos

Para a ALP:

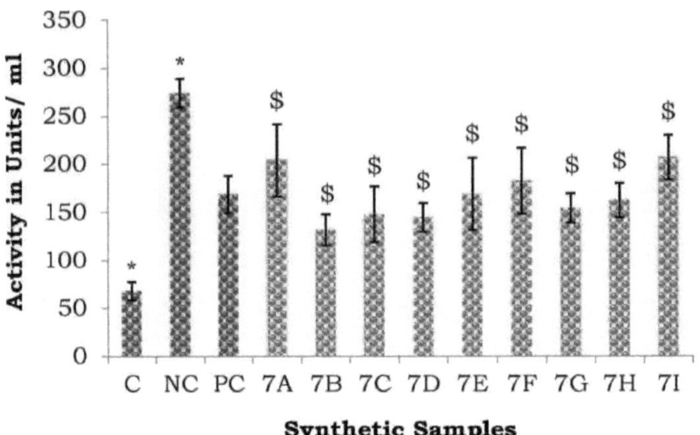

Para ALT:

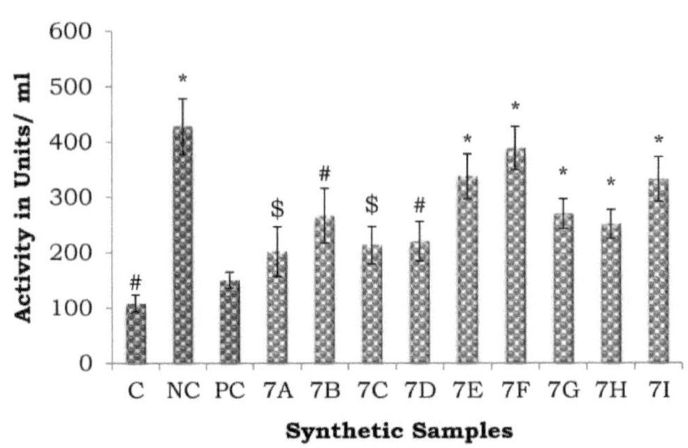

Para AST

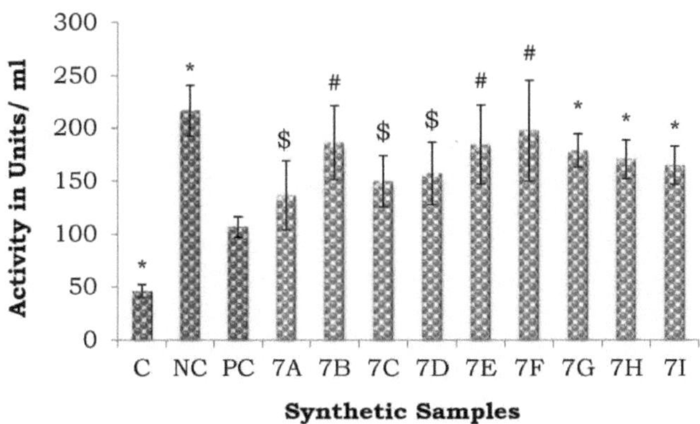

Para TP

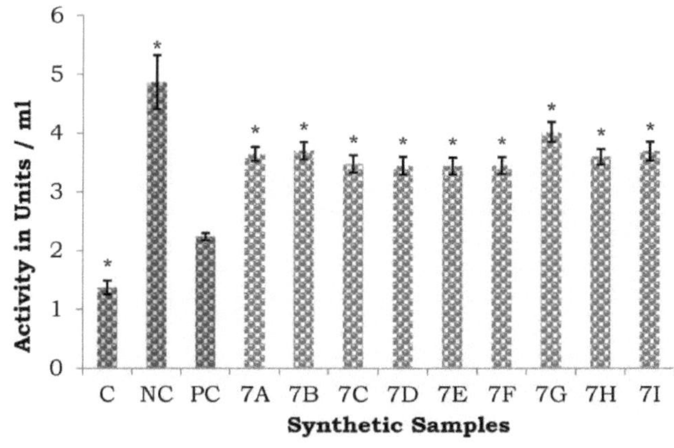

2.7: Detalhes estatísticos dos parâmetros biológicos Cálculos estatísticos para ALP:

Teste t para amostras independentes

Amostra 1	
Variável	PC
Amostra 2	
Variável	C

	Amostra 1	Amostra 2
Tamanho da amostra	6	6
Média aritmética	168.6167	67.9000
IC 95% para a média	148,4220 a 188,8113	57,8208 a 77,9792

Desvio	370.3057	92.2440
Desvio padrão	19.2433	9.6044
Erro padrão da média	7.8561	3.9210

Teste F para variâncias iguais	P = 0.153

Teste T (pressupondo variâncias iguais)

Diferença	-100.7167
Erro padrão	8.7802
IC 95% da diferença	-120.2801 a -81.1532
Teste estatístico t	-11.471
Graus de liberdade (DF)	10
Probabilidade bicaudal	P < 0.0001

Teste t de amostras independentes

Amostra 1	
Variável	PC
Amostra 2	
Variável	NC

	Amostra 1	Amostra 2
Tamanho da amostra	6	6
Média aritmética	168.6167	273.9850
IC 95% para a média	148,4220 a 188,8113	257,9697 a 290,000 3

Desvio	370.3057	232.8932
Desvio padrão	19.2433	15.2608
Erro padrão da média	7.8561	6.2302

Teste F para variâncias iguais	P = 0.623

Teste T (pressupondo variâncias iguais)

Diferença	105.3683
Erro padrão	10.0266
IC 95% da diferença	83,0276 a 127,7090
Teste estatístico t	10.509
Graus de liberdade (DF)	10
Probabilidade bicaudal	P < 0.0001

Teste t de amostras independentes

Amostra 1	
Variável	PC
Amostra 2	
Variável	2A

	Amostra 1	Amostra 2
Tamanho da amostra	6	6
Média aritmética	168.6167	204.0000
IC 95% para a média	148,4220 a 188,8113	164.4479 a 243.5521
Desvio	370.3057	1420.4560
Desvio padrão	19.2433	37.6889
Erro padrão da média	7.8561	15.3864

Teste F para variâncias iguais	P = 0.166

Teste T (pressupondo variâncias iguais)

Diferença	35.3833
Erro padrão	17.2760
IC 95% da diferença	-3,1100 a 73,8767
Teste estatístico t	2.048
Graus de liberdade (DF)	10
Probabilidade bicaudal	P = 0.0677

Teste t de amostras independentes

Amostra 1	
Variável	PC
Amostra 2	
Variável	2B

	Amostra 1	Amostra 2
Tamanho da amostra	6	6
Média aritmética	168.6167	131.5000
IC 95% para a média	148,4220 a 188,8113	114,6173 a 148,3827
Desvio	370.3057	258.8040
Desvio padrão	19.2433	16.0874
Erro padrão da média	7.8561	6.5676

Teste F para variâncias iguais	P = 0.704

Teste T (pressupondo variâncias iguais)

Diferença	-37.1167
Erro padrão	10.2397
IC 95% da diferença	-59.9322 a -14.3012
Teste estatístico t	-3.625
Graus de liberdade (DF)	10
Probabilidade bicaudal	P = 0.0047

Teste t de amostras independentes

Amostra 1	
Variável	PC
Amostra 2	
Variável	2C

	Amostra 1	Amostra 2
Tamanho da amostra	6	6

Média aritmética	168.6167	147.8000
IC 95% para a média	148,4220 a 188,8113	117,6067 a 177,9933
Desvio	370.3057	827.7680
Desvio padrão	19.2433	28.7710
Erro padrão da média	7.8561	11.7457

Teste F para variâncias iguais	P = 0.398

Teste T (pressupondo variâncias iguais)

Diferença	-20.8167
Erro padrão	14.1308
IC 95% da diferença	-52.3020 a 10.6687
Teste estatístico t	-1.473
Graus de liberdade (DF)	10
Probabilidade bicaudal	P = 0.1715

Teste t de amostras independentes

Amostra 1	
Variável	PC
Amostra 2	
Variável	2D

	Amostra 1	Amostra 2
Tamanho da amostra	6	6
Média aritmética	168.6167	144.6667
IC 95% para a média	148,4220 a 188,811 3	128,9097 a 160,4237
Desvio	370.3057	225.4427
Desvio padrão	19.2433	15.0147
Erro padrão da média	7.8561	6.1297

Teste F para variâncias iguais	P = 0.599

Teste T (pressupondo variâncias iguais)

Diferença	-23.9500
Erro padrão	9.9645
IC 95% da diferença	-46,1523 a -1,7477
Teste estatístico t	-2.404
Graus de liberdade (DF)	10
Probabilidade bicaudal	P = 0.0371

Teste t de amostras independentes

Amostra 1	
Variável	PC
Amostra 2	
Variável	2E

	Amostra 1	Amostra 2
Tamanho da amostra	6	6
Média aritmética	168.6167	168.9667
IC 95% para a média	148,4220 a 188,811 3	129.6701 a 208.2632
Desvio	370.3057	1402.1587
Desvio padrão	19.2433	37.4454
Erro padrão da média	7.8561	15.2870

Teste F para variâncias iguais	P = 0.170

Teste T (pressupondo variâncias iguais)

Diferença	0.3500
Erro padrão	17.1875
IC 95% da diferença	-37,9462 a 38,6462
Teste estatístico t	0.0204
Graus de liberdade (DF)	10
Probabilidade bicaudal	P = 0.9842

Teste t de amostras independentes

Amostra 1	
Variável	PC
Amostra 2	
Variável	2F

	Amostra 1	Amostra 2
Tamanho da amostra	6	6
Média aritmética	168.6167	182.4833
IC 95% para a média	148,4220 a 188,811 3	146.4561 a 218.5105
Desvio	370.3057	1178.5537
Desvio padrão	19.2433	34.3301
Erro padrão da média	7.8561	14.0152

Teste F para variâncias iguais	P = 0.230

Teste T (pressupondo variâncias iguais)

Diferença	13.8667
Erro padrão	16.0668
IC 95% da diferença	-21,9325 a 49,6658
Teste estatístico t	0.863
Graus de liberdade (DF)	10
Probabilidade bicaudal	P = 0.4083

Teste t de amostras independentes

Amostra 1	
Variável	PC
Amostra 2	

Variável	2G

	Amostra 1	Amostra 2
Tamanho da amostra	6	6
Média aritmética	168.6167	154.1667
IC 95% para a média	148,4220 a 188,811 3	138,2540 a 170,0793
Desvio	370.3057	229.9187
Desvio padrão	19.2433	15.1631
Erro padrão da média	7.8561	6.1903

Teste F para variâncias iguais	P = 0.614

Teste T (pressupondo variâncias iguais)

Diferença	-14.4500
Erro padrão	10.0019
IC 95% da diferença	-36,7356 a 7,8356
Teste estatístico t	-1.445
Graus de liberdade (DF)	10
Probabilidade bicaudal	P = 0.1791

Teste t de amostras independentes

Amostra 1	
Variável	PC
Amostra 2	
Variável	2H

	Amostra 1	Amostra 2
Tamanho da amostra	6	6
Média aritmética	168.6167	162.2167
IC 95% para a média	148,4220 a 188,8113	143,4136 a 181,0197
Desvio	370.3057	321.0297
Desvio padrão	19.2433	17.9173
Erro padrão da média	7.8561	7.3147

Teste F para variâncias iguais	P = 0.879

Teste T (pressupondo variâncias iguais)

Diferença	-6.4000
Erro padrão	10.7342
IC 95% da diferença	-30,3172 a 17,5172
Teste estatístico t	-0.596
Graus de liberdade (DF)	10
Probabilidade bicaudal	P = 0.5643

Teste t de amostras independentes

Amostra 1	
Variável	PC
Amostra 2	
Variável	2I

	Amostra 1	Amostra 2
Tamanho da amostra	6	6
Média aritmética	168.6167	206.5167
IC 95% para a média	148,4220 a 188,8113	182,2213 a 230,8121
Desvio	370.3057	535.9657
Desvio padrão	19.2433	23.1509
Erro padrão da média	7.8561	9.4513

Teste F para variâncias iguais	$P = 0.695$

Teste T (pressupondo variâncias iguais)

Diferença	37.9000
Erro padrão	12.2900
IC 95% da diferença	10,5161 a 65,2839
Teste estatístico t	3.084
Graus de liberdade (DF)	10
Probabilidade bicaudal	$P = 0.0116$

2.8: Referências

[1] Halliwell, B. *Free Radicals Res. Comm.* **1990**, 9, 1.

[2] Smith, D. A.; Di, L.; Kerns, E. H. *Nat. Rev. Drug Discov.* **2010**, 9, 929.

[3] Camps, J.; Bargallo, T; Gimenenez, A.; Alie, S. *Clin Sci (Lond).* **1992**, 83, 695-700.

[4] Ramachandran, R.; Kakar, S. *J. Clin. Pathol.* **2009**, 62(6), 481.

[5] Neharkar, V. S.; Gaikwad, K. G. *Res. J. Phar. Biol. Chem. Sci.* **2011**, 2(1), 783-88.

[6] Hansen, U. K.; Chuang, V. T. G.; Otagiri, M. *Biol. Pharm. Bull.* **2002**, 25, 695.

[7] Lin, J. H.; Cocchetto, D. M.; Duggan, D. E. *Clin. Pharmacokine.* **1987**, 12, 402.

[8] Fichtl, B.; Nieciecki, A.; Walter, K. *Adv. Drug Res.* **1991**, 20, 117.

[9] Giacomini, K. M.; Blaschke, T. F. *Clin. Pharmacoki.* **1984**, 9, 42.

[10] Francis, J. B.; Thorat, P. K.; Lonkar, A. D. *Ethnobotanical leaflets*, **2008**, 12, 320-36.

[11] Rajesh, M. G.; Latha, M. S. *Jour. Ethnopharmacol.* **2004**, 91, 99-104.

[12] Klaassen, C. D.; Watkins, J. B. *Nova Iorque: McGraw-Hill; Saúde divisão profissional*, **2003**.

[13] Kim, H. S.; Lim, H. K.; Chung, M. W.; Kim, Y. C. *Jour. Of Ethnopharmacol.* **2000**, 69(1), 79-83.

[14] Jain, A.; Soni, M; Deb, L.; Jain, A.; Rout, S. P.; Gupta, V. B. *Jour. of Ethanopharmacol.* **2008**, 115 (1), 61-66.

[15] Rojkind, M.; Giambrone, M. A.; Biempica, L. *Gastroenterology*, **1979**, 76, 710-5.

[16] Benedetti, A.; Ferrali, M.; Cheili, E. *Chem. Biol. Interact.* **1974**, 9, 117-200.

[17] Recknagel, R. O. *Life Sci.* **1983**, 33, 401-08.

[18] Weissmann, G. *Ann. Rev. Med.* **1967**, 18, 97-112.

[19] Aronson, A. A. *4th ed. Amsterdam: Elsevier*, **1972**.

[20] Suzuki, S.; Nakamura, N.; Koizumi, T. *Biochem. Biophys. Ata.* **1976**, 428, 166-81.

[21] Murata, K; Onuma, H. *Coll. Relat. Dis.* **1983**, 3, 72-81.

[22] Bravo, J.; Heath, J. K. *EMBO J.*, **2000**, 19, 2399-411.

[23] Daughaday, W. H; Rotwein, P. *Endocr. Rev.*, **1989**, 10, 68-91.

[24] Daughaday, W. H. *Pediatr Nephrol.* **2000**, 14, 537-40.

[25] Mappayyanavarmath, S. S.; Patil, P. A. *Ind. J. Pharmacol.* **1999**, 31, 29093.

[26] Youn, Y. K.; Suh, G. J.; Jung, S. E.; Oh, S. K.; Demling, R. *J. Burn care Rehabil.* **1988**, 19(6), 542-8.

[27] Randle, L. E.; Sathish, J. G.; Kitteringham, N. R.; Macdonald, I.; Williams, D. P.; Park, B. K. *British J. Pharm.* **2008**, 153, 820-30.

[28] Neri, M.; Cerretani, D.; Fiaschi, A. I.; Laghi, P. F.; Lazzerini, P. E.; Maffione, A. B. *J. Cell Mol. Med.* **2007**, 11, 156-170.

[29] Oben, J. A.; Roskams, T.; Yang, S.; Lin, H.; Sinelli, N.; Li, Z.; Torbenson, M.; Huang, J.; Guarino, P.; Kafrouni, M.; Diehl, A. M. *Hepatology*. **2003**, 38(3), 664- 73.

[30] Martin, J. B.; Brazeau, P.; Tannenbaum, G. S.; Willoughby, J. O.; Epelbaum, J.; Terry, L. C. *Res. Publ. Assoc. Res. Nerv. Ment. Dis.* **1978**, 56, 329-57.

[31] Martin, J. B. *Fed Proc.* **1980**, 39, 2902-06.

[32] Omerovic, E.; Bollano, E.; Mobini, R.; Kujacic, V.; Madhu, B.; Soussi, B. *Endocrinology*, **2000**, 141, 4592-99.

[33] Philipson, J. D. *Trends Pharmacol Sci.* **1989**, 1, 36-38.

[34] Ojewole, J. A. *J. of Ethanopharmacol.* **2007**, 113, 338-45.

[35] Malesev, D.; Kuntic, V. *J. Serb. Chem. Soc.* **2007**, 72, 921-39.

[36] Dixit, N.; Baboota, S.; Kohli, K.; Ahmad, S.; Ali, J. *Ind. Jour. Pharmacol.* **2007**, 39(4), 172-9.

[37] Beibei, F.; Jing, X.; Zhaodong, L.; Xianglin, S.; Bing, H. J.; Jing, F. *Molecular cancer*

Therapeutics, **2007**, 6(1), 220-6.

[38] Premila, N. S.; Wilfred, G.; Banumathi, R. *Biochemica. Bioph. Ata*. **1997**, 1362, 169-76.

[39] Tortora, G. J.; Anagnostakos, N. P. *9th ed., New York: Harper & Row publishers*, 2000. *Nova Iorque: Harper & Row publishers*, **2000**.

[40] Premila, A. *Indian J. Physiol. Pharmacol.* **2004**, 48 (2), 206-12.

[41] Friedman, S. L. *Toxicology*, **2008**, 254, 120-29.

[42] Rege, N.; Dahanukar, S; Karandikar, S. M. *Indian Drugs*, **1984**, 21, 544-55.

[43] Doreswamy, R.; Sharma, D. *Indian Drugs*, **1995**, 32, 139-54.

[44] Janakat, S.; Al-Merie, H. *J. Pharmacol. Toxico. Metho.* **2002**, 48, 41-44.

[45] Kadam, N. *Tese de doutoramento, Universidade R. T. M. Nagpur, Nagpur*, **2012**.

CAPÍTULO - 3: Avaliação da atividade antioxidante de novos derivados de N, N'-alquilideno bisamida

3.1: : Introdução

Os benefícios dos antioxidantes têm sido objeto de milhares de estudos nos últimos anos devido ao seu possível papel na prevenção de doenças cardíacas, cancro e outras doenças. Altas concentrações de antioxidantes estão presentes em muitos suplementos de ervas, razão pela qual os suplementos de ervas se tornaram tão populares [1]. Os antioxidantes são substâncias químicas que ocorrem naturalmente nos alimentos e que ajudam a contrariar os efeitos prejudiciais dos radicais livres de oxigénio, que se formam durante o metabolismo normal e através de factores externos como os raios X, a radiação ultravioleta e a poluição. Os radicais livres de oxigénio têm sido implicados no desenvolvimento de várias doenças, incluindo o cancro e as doenças cardíacas [2], salientando a necessidade de considerar os níveis de antioxidantes como parte da medicina preventiva. Os antioxidantes são um dos muitos compostos protectores encontrados nas plantas, conhecidos como fitoquímicos. A principal função dos antioxidantes é neutralizar os radicais livres no organismo. Pensa-se que estes radicais livres são a causa do envelhecimento prematuro, das doenças cardíacas e do cancro. Os radicais livres são subprodutos altamente reactivos de processos químicos no organismo [3]. Produzem uma oxidação prejudicial que pode danificar a integridade das células e dos tecidos do corpo. Com tantas forças externas a influenciar a quantidade de radicais livres no organismo (exposição ao sol, poluição pelo fumo, bactérias nocivas, alimentos ricos em colesterol), é agora mais importante do que nunca garantir que o seu corpo tem os benefícios dos antioxidantes de que necessita para combater as doenças. Os antioxidantes eliminam os radicais livres no organismo, e a investigação demonstrou que isto evita doenças e promove o bem-estar geral [4]. O nosso corpo produz os seus próprios antioxidantes, mas à medida que envelhecemos a nossa capacidade de produzir antioxidantes enfraquece. Os antioxidantes encontram-se naturalmente em frutos e vegetais [5]. Vitaminas como a vitamina C e a vitamina E têm propriedades antioxidantes. As ervas contêm poderosos antioxidantes que são frequentemente mais poderosos do que muitas vitaminas. Esta é uma das razões pelas quais os suplementos de ervas se tornaram tão populares. Os benefícios dos antioxidantes nas ervas foram estudados extensivamente e mostraram resultados impressionantes. Um antioxidante ou um eliminador de radicais livres é definido como uma substância que, em baixas concentrações, previne ou retarda a oxidação de um substrato oxidável, como proteínas [6], hidratos de carbono [7], lípidos [8], ADN [9] e outros constituintes celulares [10].

Os radicais livres promovem uma oxidação benéfica que produz energia e mata os invasores bacterianos. No entanto, em excesso, produzem uma oxidação prejudicial que pode danificar as membranas e o conteúdo das células, o que pode contribuir para o envelhecimento.

Os antioxidantes ajudam a prevenir a oxidação, a via comum para o cancro, o envelhecimento e uma variedade de doenças, e podem ajudar a aumentar a função imunitária e possivelmente diminuir o risco de infeção e cancro [11]. Os compostos fenólicos naturais têm recebido recentemente muita atenção devido às suas propriedades antioxidantes. Os antioxidantes podem ser classificados como antioxidantes primários (quebra de cadeia), que podem reagir diretamente com os radicais livres e convertê-los em produtos estáveis, bloqueando assim as reacções em cadeia dos radicais livres, ou como antioxidantes secundários (inibidores preventivos), que bloqueiam o início do ataque dos radicais livres [12]. Os antioxidantes dividem-se em duas categorias: antioxidantes preventivos e antioxidantes de quebra de cadeia. Os antioxidantes preventivos (por exemplo, glutationa peroxidase e catalase) desactivam as espécies activas sem mais geração de radicais livres, reduzindo assim a taxa de iniciação da cadeia. Os antioxidantes de quebra da cadeia têm a capacidade de eliminar os radicais de oxigénio que se propagam na cadeia para produzir produtos estáveis e não radicais e suprimir a peroxidação lipídica [13]. Os antioxidantes primários actuam mais frequentemente doando um átomo de hidrogénio, enquanto os antioxidantes secundários podem atuar ligando iões metálicos capazes de catalisar processos oxidativos, eliminando o oxigénio, absorvendo a radiação UV, inibindo enzimas ou decompondo hidroperóxidos [14]. Sabe-se que diferentes compostos fenólicos naturais funcionam como antioxidantes primários e secundários através de diferentes mecanismos [15-18]. A atividade antioxidante (quebra de cadeias) dos antioxidantes naturais pode ser expressa em termos de capacidade de eliminação de radicais, em que o antioxidante reage com um radical específico em condições controladas. Um dos métodos bem estabelecidos para determinar a atividade antioxidante é a monitorização espectrofotométrica da concentração do radical 2, 2-difenil-1-picrilhidrazil (DPPH-) [19-20]. Nos últimos anos, tem-se registado um aumento do número de estudos sobre a atividade antioxidante dos lignanos ou dos extractos ricos em lignanos [21-25]. A maioria dos compostos antioxidantes activos são flavonóides, isoflavonas, flavonas, xantonas, antocianinas, cumarinas, lignanos, catequinas e isocatequinas. Os antioxidantes sintéticos, como o hidroxitoleno butilado, o hidroxianisol butilado e o galato de propilo, estão a ser utilizados nas indústrias alimentares [26]. A atividade antioxidante dos compostos fenólicos, como o butil-hidroxil tolueno e o butil-hidroxianisol, a butil-hidroquinona terciária e os ésteres do ácido gálico, por exemplo o galato de propilo, foi muito bem estudada pelos investigadores [27].

De acordo com algumas análises, o tolueno hidroxilado butilado aprisiona os radicais peroxilo para produzir um radical fenoxilo estável ou para formar produtos não radicais estáveis. As investigações demonstraram que os antioxidantes que quebram cadeias, como a vitamina E, eliminam os radicais de oxigénio propagadores de cadeias gerados a partir do 2,2'-azobis (2,4- dimetil lvaleronitrilo) e suprimem a peroxidação. Foi também referido que a cisteína e o glutatião podem também atuar como antioxidantes de quebra de cadeias, eliminando radicais centrados no oxigénio e suprimindo a oxidação dos lípidos [28-30]. A utilização de mais do que um ensaio para medir os antioxidantes nos alimentos foi recomendada por alguns investigadores [31-33].

3.2: Revisão da literatura sobre antioxidantes

A oxidação de compostos orgânicos é um dos métodos mais eficientes de síntese orgânica. Por outro lado, a auto-oxidação dos compostos orgânicos, suas misturas e produtos promove a sua rápida deterioração devido à ação do oxigénio atmosférico. Produtos como a borracha, os polímeros, os hidrocarbonetos combustíveis, os lubrificantes, os solventes orgânicos, os semi-produtos, os medicamentos, etc., estragam-se devido à oxidação pelo oxigénio. Os antioxidantes impedem o desenvolvimento rápido destes processos indesejáveis. Foram objeto de um estudo intensivo durante os últimos quarenta anos. A utilização prática dos antioxidantes começou no final do século XIX.

É igualmente necessário, no caso dos alimentos, determinar a eficácia dos antioxidantes naturais para a conservação ou proteção dos alimentos contra os danos oxidativos, a fim de evitar alterações deletérias e a perda de valor comercial e nutricional [34-35]. É também necessário desenvolver um método rápido para determinar a capacidade potencial dos antioxidantes. A eficácia antioxidante é medida através da monitorização da inibição da oxidação de um substrato adequado. Depois de o substrato ser oxidado em condições normalizadas, a extensão da oxidação (como ponto final) é medida por métodos químicos, instrumentais ou sensoriais. Assim, as caraterísticas essenciais de qualquer ensaio são um substrato adequado, um iniciador de oxidação e uma medida apropriada do ponto final [36].

O teste antioxidante em sistemas biológicos é classificado em dois grupos. Os ensaios utilizados para avaliar a peroxidação lipídica - neste método, utiliza-se o substrato lipídico ou lipoproteico em condições padrão e mede-se o grau de inibição da oxidação [37] e os ensaios utilizados para medir a capacidade de eliminação de radicais livres [38].

Em geral, foram adoptados dois tipos de abordagens:

3.2.1) Ensaios de inibição, para os quais a extensão da eliminação de um radical livre por átomo de hidrogénio ou doação de electrões é o marcador da atividade antioxidante. Estes testes de inibição são testes indirectos do poder antioxidante total [39].

3.2.2) Ensaios que envolvem a presença de sistemas antioxidantes durante a geração do radical, para os quais a atividade é medida na taxa de oxidação de uma molécula alvo [40].

O sistema de medição da atividade antioxidante também pode ser classificado em seis categorias e é referido por vários autores [41-43].

Numerosos métodos baseados na colorimetria [44], na espetrofotometria [45], na fluorimetria [46], na voltametria [47], na polarografia [48], na cromatografia em camada fina [49], na cromatografia em papel [50], na cromatografia de permeação em gel [51], na cromatografia gás-líquido [52] e na cromatografia líquida de alta resolução (HPLC) [53].

São aplicados numerosos ensaios *in vivo* e *in vitro* para a avaliação dos antioxidantes. Entre eles, alguns dos ensaios mais importantes são

3.2.3)*Métodos in vitro*

- Ensaio DPPH (2,2-difenil-1-picrilhidrazil).
- Ensaio TEAC (Capacidade Antioxidante equivalente ao Trolox) / ABTS (Ácido 2,2-azinobis-(3- etilbenzotiazolina-6-sulfónico).
- Ensaio ORAC (Capacidade de Absorção Radical de Oxigénio).
- Ensaio FRAP (Ferric Reducing Ability of Plasma - capacidade de redução férrica do plasma).
- Ensaio TRAP (Total Radical Trapping Antioxidant Parameter).
- Ensaio TBARS (Substâncias Reactivas ao Ácido Tiobarbitúrico). g. Inibição da peroxidação lipídica utilizando o ensaio do linoleato de β-caroteno.
- Ensaio de fosfomolibdato.
- Inibição do ensaio de oxidação da lipoproteína de baixa densidade (LDL) humana.
- Atividade de peroxidação lipídica no sistema modelo Egg Liposome.
- Ensaio de poder redutor.

3.2.4): Métodos *in vivo*

a. Determinação da superóxido dismutase e da glutationa peroxidase.

b. Ensaio TOSC (Capacidade Total de Absorção de Oxigénio)

c. Método para medir a peroxidação lipídica

i. Ensaio de dienos conjugados.

ii. Ensaio de peróxido lipídico PD (deteção de peróxido).

iii. Ensaio do hidroperóxido de linoleilo (L-OOH) e do hidróxido de linoleilo (L-OH).

d. Ensaio à base de crocina.

3.2.5)Ensaio de eliminação do radical livre DPPH [54]

❖ **Princípio**

Verifica-se um interesse crescente pelos antioxidantes, nomeadamente pelos que se destinam a prevenir os presumíveis efeitos deletérios dos radicais livres no organismo humano e a evitar a deterioração das gorduras e de outros constituintes dos géneros alimentícios. Em ambos os casos, há uma preferência por antioxidantes provenientes de fontes naturais e não de fontes sintéticas. Por conseguinte, verifica-se um aumento paralelo na utilização de métodos para estimar a eficiência de tais substâncias como antioxidantes [55]. Um desses métodos, atualmente popular, baseia-se na utilização do radical livre estável 2,2-difenil-1-picrilhidrazil (DPPH).

O DPPH é um radical livre estável ($C_{18}H_{12}N_5O_6$, M = 394,33). O método de ensaio baseia-se na medição da capacidade de eliminação dos antioxidantes em relação a este radical. O eletrão ímpar do átomo de azoto no DPPH é reduzido, ao receber um átomo de hidrogénio dos antioxidantes, à hidrazina correspondente [56].

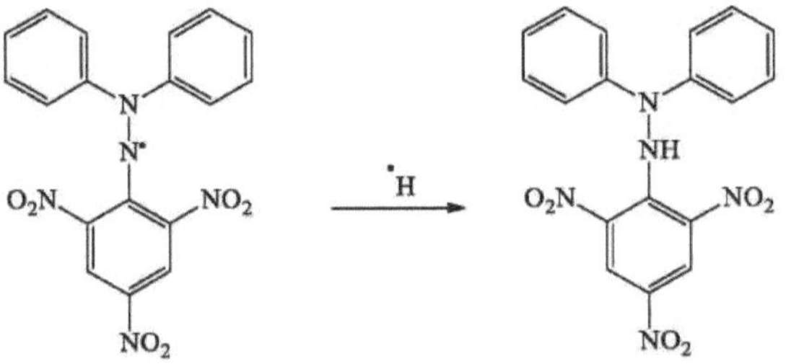

2, 2'-Diphenyl-1-picryl hydrazyl **2, 2'-Diphenyl-1-picryl hydrazine**

A capacidade é avaliada utilizando a espetroscopia de ressonância de spin eletrónico, com base no facto de a intensidade do sinal DPPH ser inversamente proporcional à concentração do antioxidante testado e ao tempo de reação [57]. No entanto, a técnica mais frequentemente utilizada é o ensaio de descoloração, que avalia a diminuição da absorvância a 515528 nm produzida pela adição do antioxidante a uma solução de DPPH em etanol ou metanol. O DPPH tem sido utilizado para avaliar a atividade antioxidante dos compostos fenólicos, medindo a alteração da absorvância a 515-517 nm [58].

Quando uma solução de α-α-Difenil-β-picril hidrazina é misturada com a de uma substância que pode doar um átomo de hidrogénio, dá origem à forma reduzida α- α-Difenil-β-picril hidrazina com a perda desta cor violeta (embora seja de esperar que exista uma cor amarela pálida residual do grupo picrilo ainda presente). A reação primária é

Z· + AH = Z-H + A·   ------ Eq (1)

Onde, Z- representa o radical DPPH,

AH é a molécula dadora,

ZH é a forma reduzida e A· é o radical livre.

Em seguida, A· sofre outras reacções que controlam a estequiometria global, ou seja, o número de moléculas de DPPH reduzidas (descolorizadas) por uma molécula do redutor. A equação (1) pretende, assim, estabelecer a ligação com as reacções que ocorrem num sistema oxidante, como a auto-oxidação de lípidos ou de outras substâncias insaturadas; a molécula de DPPH Z. pretende, assim, representar os radicais livres formados no sistema cuja atividade deve ser suprimida pela substância AH.

O parâmetro EC_{50} ou IC_{50} (concentração eficaz ou concentração inibitória), que foi recentemente introduzido para a interpretação dos resultados do método DPPH, é a "concentração eficaz ou concentração inibitória" (EC_{50} ou IC_{50}). Esta é definida como a concentração de substrato que provoca uma perda de 50% da atividade do DPPH (cor). Este parâmetro foi aparentemente introduzido por Brand-Williams e seus colegas [59-60].

3.3: Trabalho atual

Na presente investigação, a avaliação das actividades antioxidantes dos compostos recentemente sintetizados foi realizada através dos seguintes métodos ***in vitro***.

A. Ensaio de eliminação do radical livre DPPH (2,2-difenil-1-picrilhidrazil).

B. Ensaio de FeCl3

3.4: Secção experimental

3.4.1): Materiais necessários para o ensaio de antioxidantes

- DPPH
- Álcool etílico destilado.
- Tubo de ensaio Stoppard.
- Espectrofotómetro.
- Folha de alumínio.
- Balão padrão (50 e 25 ml)

- Micro pipeta (10 mL)
- Cuvete.
- Ácido ascórbico (**AA**).
- Butil-hidroxil-anisol (**BHA**).

Solução de ensaio:

Os compostos experimentais foram dissolvidos em álcool etílico destilado (50 mL) para preparar uma solução de 1000 µM. Foram preparadas soluções de diferentes concentrações (10, 25, 50, 100, 200 e 500 µM) por diluição em série.

3.4.2): Procedimento de avaliação do ensaio antioxidante

3.4.2.1: Ensaio de eliminação do radical livre DPPH

O efeito de eliminação do radical DPPH foi efectuado de acordo com o método utilizado pela primeira vez por Blois [61]. Os compostos de diferentes concentrações foram preparados em metanol destilado, 1 ml de cada solução de composto em DMSO em diferentes concentrações (10, 25, 50, 100, 200, 500 µM) foram colocados em diferentes tubos de ensaio, 4 ml de solução de metanol 0,1 mM de DPPH foram adicionados e agitados vigorosamente. Os tubos foram então incubados na câmara escura à temperatura ambiente durante 20 minutos. Foi preparado um branco de DPPH sem composto e foi utilizado etanol para a correção da linha de base. As alterações (diminuição) na absorvância a 517 nm foram medidas utilizando um espetrofotómetro UV-visível (Shimadzu 160A). As actividades de eliminação de radicais foram expressas como a percentagem de inibição e foram calculadas utilizando a fórmula:

Radical scavenging activity (%) = $[(A_0 - A_1 / A_0) \times 100]$

Atividade de eliminação de radicais (%) = $[(A0 - A1 / A0) \times 100]$

Em que $A0$- é a absorvância do controlo (branco, sem composto) e $A1$- é a absorvância do composto.

A atividade de eliminação de radicais do BHA e do ácido ascórbico também foi medida e comparada com a dos diferentes compostos sintetizados. A concentração do composto que proporciona 50% de inibição (IC_{50}) foi calculada a partir do gráfico da percentagem de atividade de eliminação de radicais (RSA) em relação às concentrações do composto.

3.4.2.2: Ensaio de FeCl3

O poder redutor do Fe^{+++} dos fármacos testados (A-E) foi determinado de acordo com o método de

Ganesan et al. [62]. Foram preparadas diferentes concentrações (250, 500, 1000 μM) das amostras em DMSO. 1 ml destas soluções foi misturado com 2,5 ml de tampão fosfato (0,2 M, pH- 6,6) e 2,5 ml de ferricianeto de potássio (1%). A mistura de reação foi incubada a 50^0 C durante 20 minutos. Após a incubação, foram adicionados 2,5 ml de ácido tricloroacético (10%) e centrifugados (650 rpm) durante 10 minutos. Da camada superior, 2,5 ml da solução foram misturados com 2,5 ml de água destilada e 0,5 ml de FeCl3 (0,1% p/v em água). Foi mantido um controlo em branco adequado com o solvente DMSO. A absorvância de todas as soluções de amostra foi medida a 700 nm. A absorvância das misturas de reação semelhantes sem compostos de ensaio serviu de controlo. O aumento da absorvância indica um aumento do poder redutor.

3.5: Resultados e discussão

Ensaio de antioxidantes

No presente estudo foi efectuada a síntese da N, N'-alquilideno bisamida e de alguns dos seus análogos. O protocolo experimental foi simples, eficiente e permite obter rendimentos quantitativos. Os estudos estruturais dos compostos sintetizados foram efectuados utilizando várias técnicas espectroscópicas, nomeadamente a espetroscopia de infravermelhos (IV), a espetroscopia de ressonância magnética nuclear (RMN), a espetroscopia de massa e o analisador elementar. A presença do pico necessário e a absorção de picos estranhos confirmam a síntese. Os dados são apresentados no **(Livro anterior)**. Os compostos sintetizados foram ainda avaliados quanto à sua capacidade para actividades antioxidantes, utilizando vários ensaios *in vitro*, nomeadamente,

1. Atividade de eliminação do radical livre DPPH.
2. Ensaio de FeCl3

Na atividade de eliminação do radical livre DPPH

Foram avaliados os efeitos de eliminação de todos os compostos sintetizados no radical livre DPPH. As actividades de eliminação de radicais dos compostos sintetizados estão resumidas na (**Figura 3.1**).

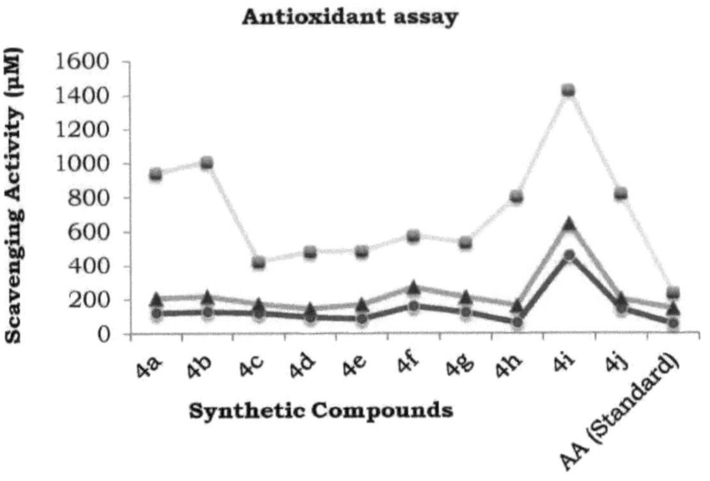

Antioxidant assay

Scavenging Activity (µM)

1600
1400
1200
1000
800
600
400
200
0

4a 4b 4c 4d 4e 4f 4g 4h 4i 4j AA (Standard)

Synthetic Compounds

Figura 3.1: Percentagem de atividade de eliminação do radical DPPH dos derivados de N, N'-alquilideno bisamida em diferentes concentrações. Cada valor representa a média ± SEM (n=3)

Entre os análogos sintetizados, os compostos **(4a** e **4d)** mostraram uma atividade de eliminação de radicais apreciável. A presença do grupo N-H, que pode doar átomos de hidrogénio no composto **(4a),** pode contribuir para a atividade de eliminação de radicais. A presença do grupo doador de electrões -OCH3 no anel aromático médio dos vários derivados de N,N'-alquilideno bisamida do anel de seis membros **(4d)** com o grupo N-H pode também contribuir para uma melhor atividade, ao passo que a presença do grupo carbonilo nos outros compostos **(4b, 4c, 4e** e **4f)** pode prejudicar a capacidade de eliminação e mostra uma atividade de eliminação negligenciável em relação ao DPPH. A presença do grupo metoxi nos anéis aromáticos de seis membros pode aumentar a estabilidade do radical centrado no azoto devido ao efeito de conjugação de electrões. Todos os seis compostos sintetizados eliminaram o radical DPPH significativamente de uma forma dependente da concentração. A concentração de inibição de 50% (IC50) para os compostos sintetizados e os padrões foram calculados e mostrados na (**Tabela 3.1**).

Foram efectuados estudos comparativos sobre a atividade DPPH dos compostos sintetizados e dos padrões (AA e BHA). Os compostos (**4a**) e (**4d**) apresentaram actividades DPPH duas vezes melhores do que os padrões.

3.6: : Conclusão

A atividade antioxidante de todos os compostos foi investigada. Todos os compostos N,N'-Alquilideno derivados de bisamida **(4a-f)** mostraram uma boa eliminação no ensaio DPPH, bem como a redução de ferro (III) no ensaio FeCl3. O composto (**4a & 4d)** foi considerado o agente antioxidante mais ativo.

Tabela 3.1: Valores IC50 para a atividade de eliminação do radical DPPH (%) dos derivados de N,N'-alquilideno bisamida. Cada valor representa a média ± DP (n=3)

Composto	**IC50 (µM/mL)**
Composto 4a	4.46 ± 0.21
Composto 4b	270.10 ± 0.11
Composto 4c	187.26 ± 0.43
Composto 4d	2.10 ± 0.34
Composto 4e	197.32 ± 0.22
Composto 4f	187.26 ± 0.21
AA	4.94 ± 0.33
BHA	5.26 ± 0.10

3.7: Referências

[1] Schindler, W. *Patente dos E.U.A*. **1962**, No. 3056775.

[2] Schindler, W.; Blattner, H. *U. S. Patent*. **1964**, No. 3144441.

[3] Craig, P. N. *U.S. Patent*. **1968**, No. 3074931.

[4] Schindler, W.; Riehen, H. Blattner, *U. S. Patent*. **1970**, No. 3501459.

[5] Draper, M. D.; e Petracek, F. J. U. *S. Patent*. **1970**, No. 3544558.

[6] Kricka, L. J.; Lambert, M. C.; Ledwith, A. *Chem. Commun*. **1973**, 7, 244.

7.1, Kricka, L. J.; Lambert, M. C.; Ledwith, A. *J. Chem. Soc., Perkin Trans*. 7.1,1, 52.

[7] Blattner, H. *Patente dos E.U.A*. **1980**, No. 4235895.

[8] Bellucci, R.; Bianchini, C.; Chiappe, F.; Catalano, D. *Tetrahedron*. **1988**, 44, 4863.

[9] Belle, K. V.; Dzeka, T.; Sarre, S.; Ebinger, G.; Michotte, Y. *Journal of Neuroscience Methods*, **1993**, 49, 167.

[10] Knell, A.; Monti, D.; Maciejewski, M.; Baiker, A. *Applied Catalysis A: Che*. **1995**, 124, 367-390.

[11] Querner, J.; Scheller, D.; Wolff, T. *Journal of Photochemistry and Photobiology A: Chemistry*. **2002**, 150, 85.

[12] Kuramshina, G. M.; Mogi, T.; Takahashi, H. *Journal of Molecular Struct*. **2003**, 661, 121.

[13] Fleischman, S. G.; Kuduva, S. S.; Mc Mahon, J. A.; Moulton, B.; Bailey Walsh, R. D.; Rodriguez-Hornedo, N.; Zaworotko, M. *J. Cryst. Growth Des*. **2003**, 3, 909.

[14] Harris, R. K.; Ghi, P. Y.; Puschmann, H.; Apperley, D. C.; Griesser, U. J.; Hammond, R. B.; Ma, C.; Roberts, K. J.; Pearce, G. J.; Yates, J. R.; Pickard, C. *J. Org. Process Res. Dev*. **2005**, 9, 902.

[15] Nagaraj, B.; Yathirajan, H. S.; Lynch, D. E. *Ata cryst*. **2005**, 61, 1757.

[16] Nagaraj, B.; Yathirajan, H. S.; Lynch, D. E. Ata cryst. **2005**, 61, 1609.

[17] Vijay, T.; Anilkumar, H. G.; Yathirajan, H. S.; Narasimhamurthy, T.; Rathored, R. S. *Ata cryst*. **2005**, 61, 3718.

[18] Hempel, A.; Camerman, N.; Camerman, A.; Mastropaolo, D. *Ata cryst*. **2005**, 61, 1313.

[19] Krichka, L. J.; Ledwith, A. *Chemical Reviews*. **1974,** 74, 101.

[20] *Vogel's Text Book of Practical Organic Chemistry, Longman. UK 5th Edtn*. **1989.**

[21] Armarego, W. L. F.; Perrin, D. D. *Purification of laboratory chemicals. Butterworth-Heinemann: Oxford, 4th Edn*. **1996**.

[22] *Reagentes para Síntese Orgânica, Fieser e L.F, Fieser, M.Ed,; Wiley: New York*. **1967**.

[23] Halliwell, B.; Murcia, M. A.; Chirico, S. *Critical Reviews in Food Science and Nutrition*, **1995**, 35, 7.

[24] De La Torre Boronat, M. C.; Lopez Tamames, E. *Alimentaria Junio*, **1997**, 19.

[25] Halliwell, B. *Nutr. Reviews*. **1997**, 544.

[26] Sanchez-Moreno, C. *Food Sci. and tech. Internat*. **2002**, 8, 121.

[27] Sanchez-Moreno, C.; Larrauri, J. A. *Food Sci. and tech. Internat*. **1998**, 4, 391.

[28] Sanchez-Moreno, C. *Food Sci. and tech. Internat*. **2002**, 8(3), 121.

[29] Benzie, I. F. F.; Strain, J. *J. Meth. Enzymol*. **1999**, 299, 15.

[30] Nicoletta, P.; Daniele, D. R.; Barbara, C.; Marta, B.; Furio, B. *J. Agri. Food Chem*. **2003**, 51, 260.

[31] Benzie, I. F. F.; Strain, J. *J. Meth. Enzymol*. **1999**, 299, 15.

[32] Chevion, S.; Robertis, M.; Chevion, M. *Free. Rad. Biol. Med*. **2000**, 28, 860.

[33] Miller, N.; Rice-Evans, C.; Davis, M.; Gopinathan, V.; Milner, A. *Clin. Sci*. **1993**, 84, 407.

[34] Miller, N.; Castellucio, C.; Tijburg, L.; Rice-Evans, C. *FEBS let*. **1996**, 392, 40.

[35] Re, R.; Pellegrini, N.; Proteggente, A.; Pannala, A.; Yang, M.; Rice-Evans, C. *Free Rad. Biol. Med.* **1999**, 26, 1231.

[36] Ames, S. R. *J. Assoc. Off. Analyt. Chem.* **1973**, 45, 446.

[37] Taylor, S. L.; Lamden, M. P.; Tappel, A. L. *Lipids*, **1976**, 11, 530.

[38] Mc Bride, H. D.; Evans, D. H. *Anayt. Chem.* **1973**, 45, 446.

[39] Candlish, J. K. *J. Agric. Food. Chem.* **1983**, 31, 166.

[40] Muller-Mulot, W. *J. A. Oil. Chem. Soc.* **1976**, 53, 732.

[41] Pokorny, S.; Coupek, J.; Pokorny, J. *J. Chromatography*, **1972**, 71, 576.

[42] Mariani, C.; Fedeli, E. *Riv. Ital. Sostanze Grasse.* **1982**, 59, 557.

[43] Nelson, J. P.; Milun, A. J.; Fisher, H. D. *J. Am. Oil. Chem. Soc.* **1970**, 47, 259.

[44] Cort, W. M.; Vincente, T. S.; Waysek, E. H.; Williams, B. D. *J. Agric. Food. Chem.* **1983**, 31, 1330.

[45] Gertz, C.; Herrmann, K. Z. *Lebensm-Unters. Forsch.* **1982**, 174, 390.

[46] Blois, M. S. *Nature*, **1958,** 26, 1199.

[47] Abdalla, A. E.; Roozen, J. P. *Food Chem.* **1999**, 64, 323.

[48] Sanchez-Moreno, *Food Science and Technology International*, **2002**, 8, 121.

[49] Schwarz, K.; Bertelscn, G.; Nissen, L. R.; Gardner, P. T.; Heinonen, M. I.; Hopia A.; Huynhba, T.; Lambelet, P.; McPhail, D.; Skibstd, L. H.; Tijburg, L. *Eur. Food. Res. Technol.* **2001**, 212, 319.

[50] Contreras Guzman, E. S.; Strong, F.C. *J. Assoc. off. Analyt. Chem.* **1982**, 65, 1215.

[51] Scheller, S.; Wilczok, T.; imielski, S.; Krol, W.; Gabrays, J.; Shani, J. Int. Jour. of Rad. and Bio. **1990**, 57, 461.

[52] Minamiyama, M.; Andoshikawa, T.; Tanigawa, T.; Takahashi, S.; Ichikawa, Y.; Kondo, H. Jour. of Nutri. Sci. and Vitaminology, **1994**, 40, 467.

[53] Wasek, M.; Nartowska, J.; Wawer, I.; Tudru, T. *Ata Poloniae. Pharma. Centica.* **2001**, 58, 283.

[54] Yu, J. *Journal of Agric. Food Chem.* **2001**, 49, 3452.

[55] Lu e Foo, *Food Chem.* **2000**, 68, 81.

[56] Wettasinghe e Shahidi, *Food Chem.* **2000**, 70, 17.

[57] Brand-Williams, W.; Cuvelier, M. E.; Berset, C. *Lebensum Wiss. technol.* **1995**, 28, 25.

[58] Bondet, V.; Brand-Williams, W.; Berset, C. *Food Science and Technology*, **1995**, 30, 609.

[59] Farag, R. S.; Badei, A. Z.; Hewedi, E. M.; Baroty, E. L. *J. American Oil Chem. Soc.* **1998,** 66, 792.

[60] Marco, *JAOCS.* **1971**, 48, 91.

[61] Miller, H.E. *JAOCS.* **1971**, 48, 91.

[62] Frankel, E. N. *Hydro peroxide formation in Lipid oxidation Dundee: The Oily Press*, **1998**, 23-41.

[63] Jayaprakasha, G. K.; Singh, R. P.; Sakaraiah, K. K. *Food Chemistry*, **2001,** 73, 285.

CAPÍTULO - 4: Avaliação da atividade analgésica de novos derivados de cloridrato de Trazodona

4.1: Introdução

As terminações nervosas nuas são as zonas de deteção da dor que se encontram em quase todos os tecidos do corpo [1]. Os impulsos de dor são transmitidos ao SNC por dois sistemas de fibras. O sistema nociceptor é constituído por pequenas fibras A δ mielinizadas com 2-5 μ de diâmetro que conduzem a 12-30 m/s. As fibras C não mielinizadas com 0,4 -1,2 μm de diâmetro conduzem a uma velocidade mais lenta de 0,5 -2 m/s e também são chamadas fibras da raiz dorsal [2]. Uma fibra δ termina nas lâminas I e V, enquanto as fibras C da raiz dorsal terminam nas lâminas I e II. Há provas de que o transmissor sináptico segregado pelas aferências primárias, subjacente à dor ligeira, é o glutamato e o transmissor subjacente à dor grave é a substância P. A junção sináptica entre as fibras de nocicepção periférica e as células do corno dorsal na medula espinal são locais de considerável plasticidade e, por isso, designados por porta [3-5]. Os ramos colaterais das fibras tácteis na coluna dorsal entram na substância gelatinosa e tem sido postulado que os impulsos nestes colaterais ou interneurónios nos quais terminam inibem a transmissão das fibras de dor da raiz dorsal para os neurónios espinotalâmicos. O principal mecanismo envolvido pode ser a inibição sináptica nas terminações dos condutores primários que transmitem os impulsos de dor [6].

Alguns dos axónios do neurónio do corno dorsal terminam na medula espinal e no tronco cerebral. Outros entram nos sistemas anterolaterais, incluindo o trato espinotalâmico lateral. Algumas das fibras ascendentes projectam-se para os núcleos posteriores ventrais, que são núcleos de retransmissão sensorial específicos do tálamo e daí para o córtex cerebral [7]. A dor ativa estas áreas corticais: SI, SII e o giro cingulado no lado oposto ao estímulo. A dor rápida é devida às fibras de dor A δ e a dor lenta é devida às fibras de dor C [8].

O estímulo adequado para os receptores da dor não é específico como para os outros. Os receptores da dor respondem a uma variedade de fortes factores/efeitos de estímulo provenientes de alterações térmicas, eléctricas, mecânicas e químicas [9].

Sugere-se que a dor é quimicamente modulada e que os estímulos em comum têm a capacidade de libertar um agente químico que estimula as terminações nervosas, o que pode dever-se ao ATP. Abre canais de ligação nos neurónios sensoriais através dos receptores P2x [10]. A capsaicina é um componente responsável pelo ardor da dor. Um recetor de capsaicina, que é um canal iónico não seletivo, permite o fluxo de Na^+ e Ca^{2+} para os neurónios nociceptivos quando ativado, produzindo despolarização. Este canal é ativado pelo calor [11].

A dor é uma perceção isolada que não necessita do córtex. A nocicepção é o mecanismo pelo qual os estímulos nervosos periféricos são transmitidos ao sistema nervoso central. A dor é subjectiva e nem sempre está associada à nocicepção. Os nociceptores polimodais (PMN) são os principais tipos de neurónios sensoriais periféricos que respondem a vários estímulos. As substâncias químicas que actuam nos PMN para provocar dor incluem a bradicinina, a 5-HT e a capsaicina. Os PMN são sensibilizados pelas prostaglandinas, o que explica o efeito analgésico dos fármacos do tipo da aspirina, particularmente na inflamação [12].

4.2: Revisão da literatura sobre dor pós-lesão e neuropática

A dor pós-lesão persiste após a lesão. Os estímulos na região lesionada produzem uma resposta exagerada (hiperalgesia) e estímulos como o tato causam dor (alodinia). Se os nervos estiverem danificados, a dor persiste após a cicatrização da lesão (dor neuropática) [13].

Na dor pós-lesão e na dor neuropática, verifica-se um aumento da sensibilidade dos receptores periféricos da dor devido à libertação local de substâncias sensibilizantes. Há também um aumento da transmissão na junção sináptica entre o primeiro e o segundo neurónio de ordem no corno dorsal. Verifica-se um aumento da atividade dos receptores NMDA pré-sinápticos nas aferências primárias, com maior libertação de substância P.

As fibras aferentes no caso da estrutura visceral chegam ao SNC através de vias simpáticas e parassimpáticas. Há aferências viscerais nos nervos facial, glossofaríngeo e vago, nas sementes dorsais torácicas e lombares superiores e nas sementes sacrais. No SNC, a sensação visceral percorre as mesmas vias que a sensação somática nos tractos espinotalâmicos. As radiações talâmicas e as áreas receptoras corticais para as sensações viscerais estão misturadas com as áreas receptoras somáticas [14].

A dor visceral inicia a contração reflexa dos músculos esqueléticos próximos. É marcada quando o processo inflamatório visceral envolve o peritoneu.

4.2.1:Nociceptor

Um recetor órfão que causa hiperalgesia em vez de analgesia.

4.2.2:Síndromes de dor crónica

A dor neuropática nos seres humanos tem várias formas. Na causalgia, há uma dor espontânea e em queimadura muito tempo depois de lesões aparentemente triviais. A dor é acompanhada por hiperalgesia e alodinia. A lesão nervosa leva à germinação e eventual crescimento excessivo de fibras nervosas simpáticas noradrenérgicas nos gânglios da raiz dorsal dos nervos sensoriais da área lesionada. A descarga simpática não provoca dor. O bloqueio alfa adrenérgico produz alívio da causalgia - um tipo de dor em humanos.

A dor espontânea pode ser gerada ao nível do tálamo, por exemplo, na síndroma talâmica; existe uma lesão do ramo geniculado do tálamo posterior da artéria cerebral posterior [15-20].

4.2.3:Métodos experimentais - Efeitos analgésicos

Existem muitos métodos disponíveis para a avaliação do efeito analgésico. Em todos os métodos, é aplicado um ou outro tipo de estímulo para produzir uma reação de dor. Os métodos podem ser classificados com base no tipo de estímulo utilizado [21-24].

1. Estímulo térmico

a) Ensaio de placa quente

b) Método do calor radiante utilizando o analgesiómetro ou uma lâmpada eléctrica como fonte.

2. Estímulo mecânico

a) Clipe de cauda

b) Teste de Randal Sellito

3. Estímulo químico

a) Contorção por ácido acético ou fenilquinona

4. Estímulo elétrico

a) Pododolorímetro

b) Rectodolorímetro

Os métodos disponíveis, o teste de Randall Sellito e os testes de contorção induzidos quimicamente, são utilizados para a avaliação da atividade analgésica de fármacos de ação periférica. Os outros métodos enumerados destinam-se principalmente a avaliar fármacos que actuam por mecanismos centrais. No entanto, os métodos do clipe de cauda, do movimento da cauda e da placa quente podem ser utilizados para o rastreio de fármacos não narcóticos [25-36].

4.3: Trabalho atual: Atividade analgésica

Na presente investigação, a avaliação das actividades analgésicas dos compostos de cloridrato de Trazodona recentemente sintetizados foi realizada pelos seguintes métodos ***in vivo***.

4.4: Secção experimental

4.4.1:Materiais e métodos

Todos os produtos químicos e reagentes foram adquiridos à Aldrich (*Sigma-Aldrich, St. Louis, MO, EUA*), Lancaster (*AlfaAesar, Johnson Matthey Company, Ward Hill, MA, EUA*) ou Spectrochem Pvt.

Ltd (*Mumbai, Índia*) e foram utilizados sem qualquer purificação adicional. Todos os medicamentos de calúnia, como o ibuprofeno, Dr. Reddy's lab, foram adquiridos na farmácia local, em Nagpur (Maharashtra).

4.4.2:Farmacologia in vivo

Para avaliar a atividade analgésica dos compostos em estudo e do padrão, foi adotado o método Tail flick (retirada da cauda do calor radiante), de acordo com D'Amour et al. & Gayatri Chopra [17], utilizando um analgesiómetro. O tempo de reação basal ao calor radiante foi obtido colocando a ponta (últimos 1-2 cm) da cauda dos animais (grupos de controlo, padrão e de ensaio) individualmente. A retirada da cauda do calor é considerada como o ponto final. O ibuprofeno e os compostos de ensaio foram suspensos numa suspensão aquosa de CMC de sódio (1% W/V). Os ratinhos albinos de ambos os sexos (20-25 gm) foram divididos em doze grupos de seis animais cada e foram numerados individualmente. Todos os grupos foram mantidos em jejum durante 24 horas antes da administração do fármaco com água ad libitum. Ao Grupo-1 foi administrado apenas 1% p/v de suspensão de CMC de sódio (1 ml/kg, p.o.), que serviu de controlo. O Grupo-2 foi administrado com ibuprofeno (10 mg/kg, p.o.), que serviu de padrão. Aos grupos 3 a 12 (10 mg/kg, p.o.) foram administrados compostos de ensaio, respetivamente. Todos os animais foram mantidos em posição por um sistema de retenção adequado, com a cauda estendida para fora. O tempo, em segundos, necessário para retirar a cauda é o tempo de reação e foi registado às 0, 0,5, 1, 2 e 4 horas após a administração dos compostos. Foi observado um ponto de corte de 10 segundos para evitar danos na cauda. Foi calculada a percentagem de proteção no controlo, no medicamento padrão e nos animais tratados com os compostos. Os resultados e a análise estatística da atividade analgésica do controlo, do ibuprofeno e dos compostos testados são apresentados no **(Quadro 4B.1)**

4.5: Resultados e discussão

A atividade analgésica dos compostos sintetizados (Chumbo 5, 5A-5I) [37] foi avaliada pelo método de "tail flick", em que o calor é utilizado como fonte para induzir a dor em ratinhos. O aumento do tempo de reação (intervalo de tempo) em comparação com o basal é proporcional à atividade analgésica dos compostos testados. Os resultados estão resumidos na **(Tabela 4.1)**.

Os compostos **(chumbo 5, 5F e 5G)** apresentaram uma atividade dependente da dose com maior proteção aos 120 minutos, o que é comparável ao padrão de referência, e exerceram a sua atividade de uma forma semelhante à do medicamento bem estabelecido ibuprofeno, uma vez que possuem o núcleo 2{3[4(3-clorofenil) piperazinil] propil} e 4-dimetilaminofenil **(5F)** no anel aromático, estando presente o substituinte dimetil que está ligado ao núcleo piperazina. Além disso, verificou-se que os compostos com substituintes etil **(5G)** e o grupo naftil presente nos substituintes **(5I)** presentes noutros compostos no núcleo apresentaram uma atividade analgésica moderada e a atividade aumentou aos 60 minutos e atingiu o máximo aos 120 minutos. Entre todos, o composto **(Chumbo 5)** apresentou uma atividade analgésica significativa aos 120 minutos. Estes resultados indicam que **(5F)** e **(4G)** são moléculas mais promissoras como agentes analgésicos, respetivamente, e são necessários mais estudos para elucidar o mecanismo de ação exato do seu potencial terapêutico.

4.6: Conclusão

Em conclusão, descrevemos um protocolo simples para a síntese de derivados únicos de cloridrato de Trazodona com rendimentos notáveis. Todos os compostos sintetizados foram analisados quanto à sua atividade analgésica in vivo e verificou-se que a maior parte deles tinha uma atividade analgésica significativa. A atividade farmacológica exibida pelos novos derivados sintetizados de cloridrato de Trazodona confirmou que estes compostos podem servir o propósito de serem aceites como agentes terapêuticos inovadores. Além disso, recomenda-se vivamente um estudo toxicológico alargado destes derivados para avaliar a segurança e a eficácia farmacológica dos compostos estudados.

Tabela 4.1: Atividade analgésica do novo derivado de cloridrato de Trazodona (5A-J)

Sr. Não.	**Compostos sintéticos**	**% de inibição ± SEM em vários intervalos de tempo**			
		0,5 hora	**1 hora**	**2 horas**	**4 horas**
1.	Ibuprofeno	55.26 ±0.90*	89.95 ±0.97*	99.87 ± 1.86*	58.02 ± 2.22*
2.	Chumbo 5	50.56 ±0.59*	83.59± 1.73*	90.04 ± 1.39*	57.69 ±0.59
3.	5A	28.35 ± 1.34	47.21 ± 1.68	69.39 ±2.71	34.28 ± 1.41
4.	5B	40.64 ± 1.38	73.76 ± 1.68	80.84 ± 1.42	30.25 ± 1.48
5.	5C	42.67 ±2.86	77.81 ± 1.97*	83.35 ± 1.86	34.34 ± 1.81
6.	5D	24.75 ±0.86	80.73 ± 1.29*	87.47 ± 1.47*	30.73 ± 1.09
7.	5E	40.22 ± 1.75	70.37 ±2.73*	82.46 ± 1.82	42.34 ±2.12
8.	5F	53.73 ± 1.73*	88.27 ± 1.83*	92.34 ± 1.32*	58.31 ± 1.52
9.	5G	50.17 ±0.62*	83.22 ± 1.69*	89.83 ± 1.37*	56.14 ±0.55
10.	5H	23.49 ±0.93	50.47 ± 1.46	75.07 ± 1.87	32.65 ± 1.35
11.	5I	39.88 ±0.81	82.35 ± 1.31*	88.63 ± 1.59*	30.35 ± 1.06

Todos os valores estão representados como média ± S.E.M. (n = 6).

*p<0,01 **em comparação com o grupo de controlo. ANOVA de uma via, teste t de Dennett**

Dosagem: Ibuprofeno-10 mg/kg e compostos de ensaio- 10mg/kg de peso corporal por via oral.

4.7: Referências

[1] Handa, S. S. *Pharma times*, **1991**, 23(4), 13-17.

[2] Wagner, H. *Alemanha, Hippokrates verlag. Estugarda,* **1980**, 217-241.

[3] Meyer, J. R.; Samuel, B. *Pessoa, Am. J. Trop. Med.* **1923**, 13, 177-196.

[4] Recknagel, R. O. *Critical Review Toxicology*, **1973**, 2, 263-297.

[5] Recknagel, R. O. *Pharmacol. Rev.* **1967**, 19(2), 145- 208.

[6] Von Oettingen, W. F. *Amsterdão, Elsevier*, **1964**, 46.

[7] Hardin, B. L. *Industrial Med. Surg*, **1954**, 23, 93.

[8] Drill, V. A. *Pharmacol. Rev.* **1952**, 4, 1.

[9] Roviller, C. H. *Biochemistry, Physiology, New York, Academic press*, 49.

[10] Jennings, R. B. *Arch. Pathol.* **1955**, 55, 269.

[11] Reynolds, E. S. *Biochem. Pharmacol.* **1972**, 21, 2555-2561.

[12] Range, H. P.; Dale, M. M. *Text Book of Pharmacology, Churchill living stone, Book society*, **1987**, 69.

[13] Cameron, G. R.; Karunaratne, W. A. E. *Pathol. Bact. J.* **1936**, 42, 1.

[14] Reuber, M. D.; Glover, E. L. *J. Nat. Cancer*, **1970**, 44, 419.

[15] Slater, T.F. *Nature*, **1966**, 209, 36.

[16] Handa, S. S.; Sharma, A.; Chakraborthi, K. K. *Fitoterapia*, **1986**, 57, 307351.

[17] Chopra, G. *Tese de doutoramento, Universidade R. T. M. Nagpur, Nagpur,* **2012**.

[18] Dewan, S.; Brakani, D. *Science Rep*, **1990**, 27(8), 13.

[19] Wagner, H.; Horhammer, L.; Munster, R. *Arzneimittel-Forschung / Drug Research*, **1968**, 18, 688-696.

[20] Abraham, D. J.; Takagi, S.; Rosenstein, R. D.; Shiono, R.; Wagner, H. *Tetrahedron letters*, **1970**, 2675.

[21] Wagner, H.; Seligmann, I.; Seitz, M.; Abraham, D. J.; Sonnenbichler, J. Z. *Natur. Forsch.* **1976**, 16, 876.

[22] Hansel, R.; Kaloga, M.; Pelter, A. *Tetrahedron Letters*, **1976**, 17, 2241.

[23] Pelter, A.; Hansel, R. *Chem. Ber.* **1975**, 108, 790.

[24] Panizzi, L.; Scarpi, M. L.; Scarpti, R. *Gazz. Chim. Ital.* **1954**, 84, 792.

[25] Shirwaikar, A.; Srinivasan, K. K.; Vasanth Kumar, A.; Krishnanand, B. R. *Indian Drugs*, **1991**, 29 (5), 219-224.

[26] De, S.; Ravishankar, B.; Bhavsar, G. C. *Indian Drugs*, **1993**, 30 (8), 355363.

[27] Soicke, H.; Leng - Peschlow, E. *Planta. Med.* **1987**, 53, 37.

[28] Beyonger, L. B.; Trupin, N.; Guilbert, N.; Guislin, R. C. *Soc. Biol.*, **1964**, 158, 2095.

[29] Vallenzvela, A.; Guerra, R.; Vidella, L. A. *Planta. Med.* **1986**, 52, 438.

[30] Pratt, D. E.; Watts, B. M. *J. Food Science*, **1964**, 29, 27.

[31] Dua, P. R. *Testes de toxicidade aguda e atividade do SNC de produtos naturais, CDRI, Lucknow*, **1992**, 26-31.

[32] Chandra, T.; Sadique, J.; Somasundaram, S. *J. Fitoterapia*, **1987**, 58, 23-32.

[33] Turner, R. A. *Screening methods in pharmacology, Academic press, Nova Iorque*, **1965**, 152.

[34] Winter, C. A.; Risley, E. A.; Nuss, G. W. *Pro. Soc. Exp. Biol. Med.* **1962**, 111, 544-547.

[35] Rang, H. P.; Dale, M. M.; Ritter, J. M.; Moore, P. K. *Text Book of Pharmacology, 5th ed., Edenburg, Churchill Living stone*, **2003**, 560 - 572.

[36] Koster, R.; Anderson, M.; Debeer, E. *J. Fed. Proc.* **1959**, 18, 412.

[37] Lambat, T. L.; Deo, S. S. *Der Phar. Lett.* **2014**, 6 (3), 218-224.

Printed by Books on Demand GmbH, Norderstedt / Germany